西安美术学院学术著作出版基金

陕西省教育厅重点项目“唐代首饰活化设计与数字化展演应用研究”
（项目编号：20JZ074）

唐代首饰、金银器活化研究

段丙文 著

中国纺织出版社有限公司

内容提要

本书期盼通过对唐代首饰和金银器的器形、纹样、工艺以及所承载东西方文化交流现象等的研究，分析其折射出的造物观、价值观、佩戴理念等文化内涵，重点探析活化设计研究的价值和时代意义，尝试从道与器、理论与实践之间的辩证关系寻找如何解读传统文化，并应用到现代设计之中，以求建构新中式风格的设计文化价值体系。

全书图文并茂，内容翔实丰富，多幅精美的图片均由项目团队成员手绘完成，不仅适用于高等院校服装与服饰专业的师生学习，也可供致力于传统文化的现当代活化研究者参考使用。

图书在版编目（CIP）数据

唐代首饰、金银器活化研究／段丙文著．-- 北京：中国纺织出版社有限公司，2022.12

ISBN 978-7-5229-0012-4

Ⅰ.①唐… Ⅱ.①段… Ⅲ.①首饰－设计－研究－中国－唐代 ②金银饰品－设计－研究－中国－唐代 Ⅳ.① TS934.3

中国版本图书馆 CIP 数据核字（2022）第 204091 号

责任编辑：李春奕　张艺伟　　责任校对：王蕙莹
责任印制：王艳丽

中国纺织出版社有限公司出版发行
地址：北京市朝阳区百子湾东里 A407 号楼　邮政编码：100124
销售电话：010—67004422　传真：010—87155801
http://www.c-textilep.com
中国纺织出版社天猫旗舰店
官方微博 http://weibo.com/2119887771
北京华联印刷有限公司印刷　各地新华书店经销
2022 年 12 月第 1 版第 1 次印刷
开本：787×1092　1/16　印张：11
字数：197 千字　定价：88.00 元

项目基金

西安美术学院学术著作出版基金

陕西省教育厅重点项目『唐代首饰活化设计与数字化展演应用研究』（项目编号：20JZ074）

PREFACE
序

2002年大学毕业后从北京来到西安工作，开启了我对唐代首饰、金银器的研究之路。起初是因授课需要而带学生到博物馆进行考察，或是陪同外地朋友到博物馆参观，在参观、考察过程中，我会给他们做简要器物介绍，渐渐地，我被其辉煌、璀璨的唐代艺术、工艺魅力所吸引，由被动学习转变为主动研究。

在唐代，无论贫穷还是富有，各个社会阶层的人们都爱佩戴各类不同材质、形制的首饰，同时，金银器成为贵族追捧的对象。本书主要通过对唐代首饰、金银器从器型、纹样、工艺、材料、文化交流等角度进行梳理、挖掘和活化设计研究，站在韩伟、齐东方、尚刚、荣新江等大师和前辈们的肩上，以新的视角解读这些器物。首先，为何唐代出现这些形制、纹样的器物，其制作工艺种类有哪些，又是如何传承与延续的。其次，唐代的造物观、审美观及佩戴方式等对今天的设计有什么样的启迪意义和价值，站在今人的视角，如何构建当代中国文化的设计价值体系，彰显东方文化形象的识别力，进而提升东方文化在全球语境下的认同感，增强我国文化在国际社会中的地位，以设计为载体进行文化传播。

党的十九届五中全会提出，“繁荣发展文化事业和文化产业，提高国家文化软实力”。在新时代、新阶段，如何以设计视角探索、研究文化强国之路，将优秀的传统文化转化应用到当代首饰、文创产品设计之中，并对从理论到实践的探索进行归纳与总结，这对设计师来说是很大的挑战。

对传统文化的活化设计是当代设计师共同思考的一个重大课题，通过萃取唐代传统文化元素中符合现代服饰的语言要素并将其融入时尚设计，从廓型、材质、色彩、工艺等诸多方面发掘时尚创意设计的多重可能性，探索不同的表现手法，既强调传统文化又放眼国际时尚潮流在首饰设计、文创产品等领域的相互融合、叠加，以探索新东方美学特征在现代服饰设计中的应用，为首饰设计专业中关于传统文化的活化应用和创新设计理论体系的构建与发展提供实践依据，推动新技术在设计教育中线上线下的运用。

在此，首先要感谢我所在的单位西安美术学院，本书的出版得到了学院的大力支持。同时，我也要感谢我2019级、2020级以及2021级的几位研究生，她们作为本人主持的陕西省教育厅重点项目“唐代首饰活化设计与数字化展演应用研究”的研究成员，参与了项目研究的全过程。该项目不仅为本书前期资料的收集、整理打下了良好基础，也为本书对唐代首饰、金银器的临摹与复制提供了重要的实践案例。最后，感谢中国纺织出版社有限公司的同仁，他们为本书的出版付出了大量辛勤的汗水。

著者

2022年6月

CONTENTS
目录

第一章

总论

第一节　唐代首饰、金银器研究范畴

一、唐代首饰、金银器研究的对象

对于没有摄影、摄像技术来留存制作、佩戴、使用首饰及金银器场景图像资料的唐代而言，考古发掘及传承有序的实物是我们研究唐代首饰、金银器的第一手资料，也是最为重要的研究对象，其他材料都是佐证或补充性材料，毕竟实物的说服力最强。当然，由于考古发掘的墓葬、窖藏历史久远，器物多锈蚀或混入泥土之中，无法准确地还原佩戴部位及佩戴时呈现出的形态，这就需要绘画、碑刻、雕塑等作品来作参照。通过对绘画、壁画、雕塑、碑刻中出现的人物及其生活场景的研究，特别是画面人物佩戴着与出土实物相同或相近形制的首饰，以图像的形式佐证实物资料，以此确认对图像及实物的解读是否准确，能够在一定程度上还原唐代真实生活，加上各类文献资料，如史料、墓志、诗歌、传奇等的文字记录，与实物、图像相互佐证、相互支撑，构建出一个相对完整准确的唐代首饰、金银器立体化的空间体系，较为准确、全面地呈现唐代首饰、金银器的全貌。

（一）出土文物及传承有序的实物

20世纪至今，出土了众多翔实、可靠的唐代首饰、金银器文物，特别是几次重大考古发现，如1970年陕西省西安市何家村窖藏出土首饰、金银器1000余件；1982年江苏省丹徒县丁卯桥窖藏出土首饰、银器956件（钗类多达760件）；1987年陕西省扶风县法门寺地宫遗址出土首饰、金银器121件等。在20世纪的三大考古发现之中，法门寺地宫遗址最为珍贵的是同时出土的《应从重真寺随真身供养道具及恩赐金银器物宝函等并新赐到金银宝器衣物帐》碑和《大唐咸通启送歧阳真身志文》碑，这两块碑的文字记录多数能与出土首饰、金银器器物的重量、数量、规格、材料及制作工艺对应上，也就是说法门寺地宫遗址同时出土的首饰、金银器能作为研究唐代同类器物的标准器或参考坐标，成为其他器物横向比对研究的一把标尺。

（二）唐代各领域所呈现出的首饰、金银器

1. 唐代首饰、金银器在不同地域的代表

除了上述考古发掘之外，20世纪以来各地的考古发掘如雨后春笋一样，出土的唐代首饰、金银器不仅数量众多、分布广泛，器物形态种类丰富多样，而且级别规格高，可谓件件皆精品，如1976年4月赤峰昭盟喀喇沁旗出土的唐代金银器，2001年西安南郊西安理工大学新校区出土的唐公主李倕墓中出土的精美绝伦的头冠等。唐代首饰和金银器

被多点开花式发掘，整体的艺术性、制作工艺都处于极高的水平。

唐代首饰、金银器的文化内涵丰富，从唐长安到洛阳形成的两京文化圈，代表的是帝王、贵族上层文化，所出土的文物以何家村窖藏、法门寺地宫窖藏、窦皦墓、李倕墓等为典型代表；以两京为中心向外延伸，我们姑且将首饰称为“商业性首饰”，金银器则以镇江丁卯桥、浙江下梓桥窖藏所出土的为典型代表，丁卯桥出土的760件钗多形态简洁、装饰纹饰极少或无纹样装饰。北方草原文化与中原农耕文化交融则以赤峰为代表，传承有序的首饰、金银器实物则以收藏唐时期文物而著称于世的日本东大寺正仓院为代表。

2. 唐代传世画作中的首饰、金银器

据张彦远《历代名画记》记载来看，唐代绘画已分人物、山水、花鸟等科，且人物绘画多以白描、工笔重彩等较写实的手法勾勒人物及场景，绘画场景更趋世俗化，画面构图布局多为日常生活的摹写，十分注重头部、手部等细节的刻画，人物造型准确生动，也就是说唐代人物绘画中抛开画家对素材艺术化的提炼、萃取和概括之外，所记录的生活场景、服装与服饰是较为接近现实生活的，其首饰与金银器的形态、佩戴或使用方式是有据可循的，可信度高。

（1）唐代仕女画中出现的首饰、金银器：唐代传世人物绘画中记载佩戴首饰场景的名作主要有阎立本的《步辇图》，画面中抬辇和执扇的两位宫女在手腕部都佩戴有跳脱；张萱的《虢国夫人游春图》《捣练图》和周昉的《簪花仕女图》《挥扇仕女图》中多位女性都簪插有发饰；此外，《宫乐图》所描绘的12位女性发饰丰富多样，弹奏古筝古琴的女性头饰应为高级别冠饰（可以参考隋炀帝萧皇后墓出土的头冠），满头簪插花树，其他女性则佩戴有发簪（钗）或梳篦等。

（2）其他画作中出现的首饰、金银器：现藏台北故宫博物院韦偃创作的绢画《双骑图》中的人物佩戴有蹀躞腰带；《历代帝王图》是研究帝王冠冕不可或缺的图像资料；《引路菩萨图》中的供养人在高髻上簪插有宝钿、梳篦、簪子或发钗（因无法看到是单股还是双股，所以无法准确判断是簪还是钗）；《八十七神仙图》中则可以看到各式各样的发饰，形态丰富多样。

3. 唐代壁画作品中的首饰、金银器

目前留存下来的唐代壁画有石窟壁画、墓室壁画和寺庙壁画，而宫殿壁画多已湮灭在历史的长河之中。受厚葬习俗的影响，现留存下来的众多帝王、贵族墓室壁画，由于墓主人身世显赫，如李寿墓、阿史那忠墓、郑仁泰墓、章怀太子墓、懿德太子墓、永泰公主墓等，其墓室壁画绘画水平级别较高，加上与墓室壁画同期出土的碑刻，这些壁画都能在碑刻上找到准确的纪年，断代时期明确，能与《旧唐书》《新唐书》等史料相互佐证，因此这些墓室壁画中记录社会生活场景的绘画具有出土实物不可替代的研究价值，为我们今天研究唐代生活中的服装与服饰提供了不可多得的图像资料。如《唐李贤墓壁画观鸟扑蝉图》中侍女手握造型极为简约的长簪子，《昭陵杨温墓壁画》《章怀太子墓——小憩图》中明确绘制有多样的女性头饰，应为梳篦、簪钗和宝钿，《长乐公主墓壁画》中的甲胄仪卫领班佩戴有蹀躞玉带銙等。

石窟壁画以敦煌壁画、千佛洞壁画、麦积山壁画、龙门石窟、云冈石窟与大足石窟为代表，寺庙壁画则以炳灵寺壁画为典型代表。石窟壁画、寺庙壁画中穿插描绘有大量的生活场景，绘画题材及内容趋于世俗化，特别是壁画中的供养人多接近现实生活中的人物，因此，供养人佩戴的首饰相对于菩萨、力士佩戴的宝冠、璎珞及其他首饰的研究价值和意义更高。

敦煌石窟中唐代的绘画和雕塑部分体量巨大，佩戴首饰的人物形象众多，但供养人的服饰比佛、菩萨、伎乐天、飞天等更贴近现实生活，更真实，其所佩戴的首饰更具有研究价值。供养人、墓室壁画中的仕女以及壁画中劳动场景里的人物形象，更能反映出底层大众佩戴首饰、使用器皿的真实场景。特别是着荆钗布衣普通人的日常，他们同样有着爱美之心，其挽发插髻常使用铜、铁、木、竹、骨等材质的钗、簪，而铜、铁、木、竹、骨等材质又往往容易朽化，加上大众的墓葬以及生活场所多以消散在历史的长河，化为了尘埃。在没有影像的时代，绘画、壁画、碑刻中的大众人物形象是最为接近唐代生活场景的，研究他们所穿着的服饰并与文献资料相互佐证，就能一窥唐代世俗生活中民众所佩戴的首饰，对其进行图像分析所得出的结论相对可靠。同时，我们的研究不仅仅只是关注帝王美学，还应同步关注大众“时尚”。

4. 唐代碑刻中的首饰、金银器

佩戴有首饰的唐代人物碑刻存在于以下几种形式中：陪葬墓碑、墓道甬道的门楣及棺椁上的线刻，代表作品有《永泰公主墓》线刻仕女插戴步摇簪以及《西安武惠妃》敬陵石椁线刻贵妇头饰，多人簪插宝钿。

5. 唐代雕塑中的首饰、金银器

佩戴有首饰的唐代雕塑主要包括石窟中的供养人像、佛造像以及陵墓甬道石像，其典型代表有法门寺出土的唐懿宗供养佛指舍利而敬造的捧真身菩萨，头戴镶嵌珍珠的金冠，佩戴璎珞和臂钏，臂钏的形制与同时出土的鎏金三钴杵纹银臂钏高度相似。

6. 唐代三彩俑及陶俑中的首饰、金银器

唐代人物三彩俑及陶俑数量极多，但佩戴首饰的则较少，如知名度极高的肥婆陶俑几乎没有佩戴首饰的；佩戴首饰的俑，比较有代表性的是西安韩森寨唐墓出土的颈部佩戴扁片状项圈的襁褓婴儿俑。究其原因，可能是三彩俑及陶俑人物体量相对较小，不易深入刻画首饰形态。

二、文献资料研究

文献资料主要包括:《旧唐书》《新唐书》《唐六典》《通典》等历史资料；《应从重真寺随真身供养道具及恩赐金银器物宝函等并新赐到金银宝器衣物帐》碑（简称《法门寺物账》碑）、《大唐咸通启送歧阳真身志文》（简称《志文碑》，公元874年镌刻）等各类碑刻、墓志；沈从文的《中国古代服饰研究》、陈寅恪的《隋唐制度渊源略论稿》《唐代政治史述论稿》、扬之水的《中国古代金银首饰》、齐东方的《唐代金银器研究》、李芽的《中国古代首饰史》、（美）爱德华·谢弗的《唐代的外来文明（吴玉贵译）》、高春明的《中国服饰名物考》、袁英杰的《中国历代服饰史》、周锡保的《中国古代服饰史》、黄能馥和陈娟娟的《中华历代服饰艺术》、尚刚的《隋唐五代工艺美术史》、常沙娜的《中国敦煌历代装饰图案（续编）》等不同时期对唐代首饰、金银器进行研究的专著；《全唐诗》《全唐文》《太平广记》《酉阳杂俎》《唐传奇》等各类文学性质的著作中记录的唐代佩戴首饰、使用金银器的各类文学化的资料，也作为我们研究的佐证材料；最后，相关文献资料还包括国内外期刊、学术会议报告、考古发掘报告、硕博论文等关于唐代首饰、金银器的研究文献，以及百度、360等搜索引擎出现的相关词条。

简言之，已出土的或传承有序的唐代首饰、金银器是研究的第一本体对象，但由于考古发掘或传承的过程中，诸多首饰和金银器的名称、佩戴部位、使用方式、制作工艺的方法步骤及工艺称呼都遗失在历史长河，抑或不同地区的工匠对相同制作流程的工艺称呼不同，这就需要我们借助图像资料或文献资料来进行补充研究。首先，由于唐代传世绘画其最初的创作目的多不是用来记录现实生活场景的，首饰、金银器仅仅作为作品中人物生活场景的道具，甚至可以说是无意中附带画上的，对其的描摹、刻画自然就不是画面的重点。其次，绘画是经过艺术家加工和再创作过后的艺术形象，很多生活场景都为刻画某些特定的人群（往往描绘的都是贵族阶层），不具有社会普遍性；最后，绘画毕竟是平面的，首饰、金银器的背部、底部或簪插在头发中隐没的部分，其形态是无法表现出来的，也就是说从形态而言是不完整的，更加没法同实物一样观察其细节纹样，分析其制作工艺，探究其材质。因此在使用绘画、壁画、雕塑或诗歌、传奇等艺术作品作为研究素材时，我们要保持审慎的态度，不能把艺术化的作品等同于现实生活，只能将这些作品作为研究的补充资料来使用。

第二节　唐代首饰、金银器发展空前昌盛的原因

一、唐代首饰、金银器发展的时代背景

唐代首饰、金银器繁荣有其特定的时代背景——冶炼技术的提高及丝绸之路的贸易保障了制作首饰、金银器的原料充足，如和田玉、金、银等材料；制作技艺的提高、工匠管理制度及人才培养体系的完善，确保了技艺能够传承，培养的人才能够满足社会需求；多维度、多层次的东西方文化交流，促使其相互激荡与砥砺，带来了诸多不同器物、纹样与制作工艺的交流与融合；安史之乱前近140年，社会稳定、经济繁荣，社会各阶层对首饰、金银器的需求广泛，以及作

为宗教礼佛的法器、陪葬的名器等。受深层次文化、宗教的影响，同时受“使用金银能有益于健康、长寿”等观念及诸多因素的影响，促使唐代首饰、金银器的发展呈现出空前繁荣兴盛的景象。“可以说金银制品一开始就以具有审美价值的艺术品的形式出现，不像铜器等制品，先以兵器、工具、礼器的面目出现，在经历了漫长的发展后才逐渐从具有功利性的器物中脱离出来，进入相对纯粹的艺术作品中。金银器的实用价值和审美价值明显而又紧密地结合在一起，因为人们一开始就赋予它的特殊意义，往往超过了金银器皿本身的实用价值，在一些观念领域体现特有的功能。”[1]

二、唐代首饰、金银器制作材料来源

制作首饰、金银器的主要材料为金、银。在唐代，黄金的主要来源为矿金和沙金，如“瓜子金”“狗头金”等自然金块。为获取纯度较高的黄金，需采用火法炼金技术冶炼提纯，火法炼金是将汞、沙金或矿金与硼砂、硝石等熔剂混合好后，加温至1200℃～1350℃熔炼，剔除杂质。火法炼金在我国最晚于汉代便已经出现，到唐代已十分成熟，银的提纯则主要采用“吹灰法”。唐代金银冶炼技术为首饰、金银器的制作提供了较为充足的原材料。随着金银冶炼技术的提高，金银矿开采日益兴盛繁荣，据《新唐书·地理志》记载来看，唐代生产并贡金的府州达73处，生产并贡银的府州有68处。除政府机构开采之外，一度还允许一定范围内的私人开矿，加上丝绸之路的开放，粟特人通过贸易带来了品类繁多的首饰、金银器进入长安或洛阳，从原材料上确保了首饰、金银器的制造，为其发展与繁荣提供了契机。

三、唐代工匠培养体系的建立与承袭

唐代中央政府设立掌冶署、金银作坊院及文思院等机构来进行管理和制作首饰、金银器，并成为唐代手工业中的重要行业，且发展规模巨大。《新唐书·百官志》中记载：“细镂之工，教以四年；车路乐器之工，三年；平漫刀矟之工，二年，矢镞竹漆屈柳之工，半焉；冠冕弁帻之工，九月。教作者传家技，四委以令丞试工，岁终以监试之，皆物勒工名。”[2]从这段话可以知道，工艺种类复杂的“细镂之工”即精细工艺学习时间最长，在每年年末举行的考试中要求加工制作的工匠在器物上面刻上自己的名字，以便考核检验产品质量。“物勒工名”的实名制管理制度在实际的生产过程中可能更为严苛，在已出土的器物中，出现过将制作者、监管者和验收人姓名都刻在同一件器物上的情况。《唐律疏议》（又称《永徽律疏》）中明文记载：“物勒工名，以考其诚，功有不当，必行其罪。”[3]对制作不合格者予以惩罚，明

❶ 齐东方．汉唐金银器与社会生活［J］．呼和浩特：内蒙古文物考古，2006（2）：71.
❷ 欧阳修，宋祁．新唐书：卷四十八［M］．北京：中华书局，1975：1269.
❸ 长孙无忌．唐律疏议：卷二十六［M］．北京：中华书局，1983：418.

确责任，确保产品质量。从法律和制度上制定了完备的人才培养体系及考核制度，客观上确保了技艺保持在国家统一的标准之上，避免了首饰、金银器的加工工艺粗制滥造，同时也保障了高超的精细加工技艺得以传承和推广。

以何家村出土的狩猎纹高足银杯、沙坡村窖藏出土的狩猎纹高足银杯、北京大学收藏的狩猎纹高足银杯为例，同一类器物出土数量众多，都是将技术与艺术完美结合的代表作品。同样包括何家村出土的鎏金鹦鹉提梁银罐、法门寺出土的鎏金鸳鸯纹银盆、镇江丁卯桥出土的龟负论语玉烛酒筹筒等器物，数量多、分布广、时间跨度长，但所取得的技术与艺术成就都处于同一高度，无论是器型的形态结构、比例，还是纹样的画面构图、布局，以及錾刻线条的流畅度等，都可谓“技近乎艺”“器与道同”“前无古人，后无来者”。只有艺术与技术修养同步达到巅峰，才能制作出如此富有感染力的作品。可以推断出，在唐代有一大批技术和艺术都达到了极高水平的手工艺人。

四、唐代中外文化的频繁交流

受开放政策的影响，唐朝通过丝绸之路与印度、波斯、粟特、回鹘、吐蕃等多个地域和民族文化交流频繁。域外文化与中原文化的交融体现在各个方面，首先是贯穿长安到罗马的丝绸之路上商业贸易的发展；其次是周边诸国的朝奉、和亲以及大批遣唐使来到长安和洛阳学习，如《步辇图》中记载的唐太宗坐在步辇车上接见松赞干布派来的迎亲使者的场景，以及乾陵墓陪葬的六十一蕃臣像中就有来自于阗国、吐火罗国的王子和使节形象的石像；再次则是佛教的传播，既有唐玄奘的取经之路，通过《大唐西域记》介绍西域诸国，也有释迦牟尼佛骨舍利盛大的迎奉活动，还有唐武宗的大举灭佛；最后是唐朝与突厥、吐蕃、回鹘、高丽等周边地域和民族之间的战争。综上，诸多角度地梳理、分析和总结唐代首饰、金银器所体现出的中外文化交流，成为今天人们解读唐代的社会生活、生产技术水平和文化面貌的一手资料，成为解读多元文化相互传播、交流、影响与整合的线索。

在探讨和解析唐代首饰、金银器多元文化融合并重构出儒释道文化并存的过程中，我们发现，外来文化被开放的唐朝人主动吸纳，从最初的直接拿来使用到逐步探索出制作符合本民族审美特色的首饰、金银器的方法，从器型、纹样到加工工艺及审美特征都自然而然地形成了独特的唐代风格，其在首饰、金银器领域中的体现以及推动本土首饰、金银器兼收并蓄的发展，生产和加工技术的进步，快速发展到鼎盛时期，金银器加工制作技术及工艺甚至达到我国金银器发展史上的巅峰。“唐初出现一批器物，就有浓厚的外来文化色彩。如多棱带把杯，原形应是中亚粟特器物。还有高足杯，祖形在罗马。多曲长杯是萨珊式器物……所以它们还是对外国器物的一种模仿”[1]。在唐

[1] 齐东方. 汉唐金银器与社会生活［J］. 呼和浩特：内蒙古文物考古，2006（2）：73.

代，簪、钗各个阶层都普遍使用，不同的是象征不同阶层的材质及制作不同材料所带来的工艺的差异，其形制与佩戴方式、佩戴部位多大同小异。以簪、钗为代表的头饰多呈现本土文化特征，而以戒指、耳环、璎珞、臂钏等为代表的首饰多受佛教文化以及吐蕃、回鹘等周边外来民族文化的影响。这也就是为什么我们看到的唐代首饰呈现出五彩缤纷的特征，无论是数量、质量，还是制作的精美程度大多都集中在头饰上，身体其他部位的装饰相对头饰、冠饰就显得单薄很多，耳饰、戒指以及脚饰在唐代之后才逐渐兴盛。

以上是多因素、多维度外来文化与本土文化逐步融合的实证，中外文化的频繁交流推动了唐代首饰、金银器在器型和纹样上的新发展，在制作技艺上得以相互砥砺、提升。不断深化改革开放的今天与唐代社会在面对中外文化激荡、交融方面有着诸多相似之处，都呈现出包容、自信与开放的心态，多元文化并存，采撷外来文化之精华，摈弃传统文化之糟粕，从而构建新的文化发展形态。

五、唐代首饰、金银器在消费领域的盛行

长期的社会稳定、经济繁荣，为社会需求提供了稳定的消费群体，没有消费就没有市场，唐代稳定的首饰、金银器消费群体客观上促进了行业的发展与繁荣兴盛。因受丝绸之路外来文化与本土文化交融的影响，唐代首饰与金银器器型多样、工艺精湛、纹样精美，整个首饰与金银器制造行业充满了生命力与活力，留住了消费群体。

在长达289年的唐朝，从初唐（公元618年）到安史之乱（公元755年）这137年的时间，可以说是中国封建社会最为朝气蓬勃、灿烂辉煌的百年，其政治、军事、经济、文化都彰显了一个大国应有的风范，堪称中国的“黄金时代”。初唐至盛唐因政治稳定，少战乱，首饰、金银器既可作为周边藩国敬献的礼物，也可成为皇帝给官员的赏赐品或官员给皇帝及其他贵族进奉的礼品，以及寺庙的供奉品，同时也是墓葬不可或缺的陪葬品。

巩固统治、神化皇权的道教备受李唐王朝尊崇，因此道教所信奉宣扬的“佩戴、使用金银首饰或器皿能延年益寿”的观念也备受推崇，同样，佛教也有各阶层敬献的大量金银法器，这在一定程度上促进了金银制造业在唐代的迅速发展。可以从何家村出土的金银盒、罐等器皿内多装有道教炼丹使用的丹砂、石钟乳和黄金末及金箔等原材料以及炼丹器具4个银石榴罐中得到印证，法门寺出土的八重金银宝函以及各类金银香具、香囊等也可以印证。

《簪花仕女图》《捣练图》《宫乐图》等绘画作品中出现的人物形象，永泰公主墓、懿德太子墓、章怀太子墓的线刻，以及各石窟壁画中的供养人都佩戴有不同形制的首饰，这些都是社会需求的一种折射。首饰、金银器的消费群体面广，佩戴使用量多，镇江丁卯桥窖藏一次就出土了760件发簪就是很好的实证。这也从侧面体现出唐代社会上层贵族的奢华时尚，同样告诉我们唐代社会经济繁荣、国力雄厚，簪插首饰和使用金银

器已成为一种时尚文化，而考古发掘的实物、绘画中佩戴首饰的场景等使得我们能够梦回大唐，透过首饰、金银器的视角重游波澜壮阔的大唐盛世。

第三节　唐代首饰、金银器活化研究的概念及目的

一、活化研究的概念

今天主流的活化研究通常指已经脱离了其原来的文化语境和使用场景的传统文化，在文化层面解构之后进行重构，赋予新的文化意义或者使用场景，重新融入现代生活。活化研究不仅仅包括“传统文化的当代化”，还应涵盖“外来文化的本土化”。以对唐代首饰、金银器活化研究为例，分析、解读唐代首饰、金银器，不仅能够让我们看到唐代首饰、金银器的器型、纹样、制作工艺，还能看到其历史流变及其蕴含的中外文化经济的交融与碰撞，更能够了解其承载的唐文化基因，以及政治、经济、民族融合等因素对首饰、金银器的设计与制作、佩戴与使用方式产生的影响与作用。

唐代首饰、金银器是唐文化的重要组成部分，有着与绘画、雕塑、诗歌、音乐和舞蹈等文化形式不同的独特魅力——如其特有的器形形态特征，其案例有因结构功能需要而形成的多曲的盆、碗、碟，以法门寺地宫出土的鎏金鸳鸯纹银盆为代表；独立于其他艺术或工艺门类的加工制作方法，如錾刻、捶揲等典型工艺；因独特的加工工艺而形成的唐代特有的装饰纹样则在首饰、金银器中最为常见，比如具有唐代典型特征的底纹“鱼子纹”，也称为“珍珠底纹”，不同于其他时期的佩戴方式等。

简言之，在唐代，大量的外来文化涌入我国，我们就以开放包容的心态进行了“活态化”的吸纳，使其成为我们文化的一部分。

二、活化研究的目的

虽然唐代首饰、金银器所取得的技术与艺术成就很高，但目前国内对唐代首饰、金银器的研究尚处于从考古学、工艺美术史等角度进行理论性研究的阶段，主要研究人员有韩伟、齐东方、扬之水、李芽等，对其研究的广泛性和深度远不及同时期的其他艺术门类，甚至不及曾向其学习的姊妹艺术——唐代陶瓷和唐三彩。基于此，本书将从以下角度进行活化剖析：

（1）通过对唐代首饰、金银器从器型、纹样、工艺、材料、文化交流等角度进行梳理、复制临摹、挖掘和活化设计研究，分析其所承载的文化现象、造物观、价值观等，从中提炼出符合今天时尚趋势的图像语言，深入研究其发展脉络、类别，图形的艺术特征，制作工艺、材料、工具及其文化内涵，

着重构建中国文化的设计价值体系。通过选用国内师生及独立设计师的大量优秀首饰活化设计案例，实现以设计为载体进行文化传播的目的，将其已经脱离了原有佩戴与使用的文化语境的要素剥离出来，提炼、萃取其器型、设计理念、制作工艺以及佩戴形式等，符合今天时尚趋势的要素，对其进行合理的借鉴或再设计，赋予其新的流行时尚文化意义。吸纳借鉴这些优秀的传统文化，同步做到形式和功能统一，把传统文化真正活化，使其既具有历史价值，又具有文化传承与发展的价值，最为核心的是以东方人的视角、佩戴使用习惯和经验进行文化传播。在今天，成功的案例已非常多，真正形成了国潮风，如故宫文创精品将镇纸改为充电宝，朝珠改为耳机等，通过对故宫文物的解构与重构，构建了全新的国风文脉体系。

（2）通过收集、整理、分析文献资料，对考古发掘出的及传承有序的首饰、金银器实物等进行研究，将唐代繁杂的饰物汇集起来，依据材料、款式、造型、功能、制作工艺、佩戴方式等进行分类，对其形制、装饰纹样从美学、人文社会科学等角度加以赏析和文化阐释，描绘其形态、审美特征，分析唐代首饰的发展脉络并深入探究首饰与服装的关系、首饰佩戴者的身份等文化、社会现象，进而还原到当时人们的生活状态，将其承载的文化信息、社会现象等各个方面进行梳理，折射出中古时期世界文化的交流与变化，显示出中华文化接纳其他文化的包容态度。

（3）如何依据出土或流传至今的唐代首饰的器型、纹样、工艺等设计出具有民族特色、承载传统文化基因的文创产品，并应用现代互联网数字媒体技术探索出创新推广路径和形式是时代的需求。从唐代首饰、金银器中提取传统文化基因，为当代设计师提供创作元素并成为设计师的灵感源泉。对唐代首饰、金银器图像文脉的解析，其核心目标和实际应用价值就是要让其再生，焕发出应有的艺术、工艺魅力，在一定程度上起到保护传统文化和传统工艺并将其发扬光大的作用。通过对现有的唐代首饰文化资料进行梳理，从器型、纹样、工艺、材料等角度进行深度挖掘，把传统与现代结合进行活化设计，制作出具有唐代首饰文化特色的首饰类文创产品。

（4）进入21世纪，国内高校首饰设计专业方向呈现出井喷式的发展势态，据中国珠宝玉石首饰行业协会不完全统计，从1993年中国地质大学、北京服装学院先后开设首饰设计专业开始，截至2019年，国内开设该方向专业的院校多达300余所（含职业教育）。由于发展速度快，目前各院校普遍注重专业技术、技能的教育，而对传统首饰文化的研究，特别是传统文化在首饰领域的活化研究尚处于空白状态。对传统文化活化应用是我们这一代教育者和设计师要共同思考和面对的问题，一方面要积极地将优秀传统文化传承、推广，让年轻人认识并热爱优秀传统文化，另一方面要通过萃取唐代传统文化元素中符合现代服饰的语言要素并将其融入时尚设计，为新的时尚文化或流行趋势提供一种参考和借鉴，探索新东方美学特征在现代服饰设计中的应用，为首饰设计专业中关于传统文化的活化应用和创新设计理论体系的构建和发展提供实践依据，推动新技术在设计教育中线上线下的运用。

唐代首饰、金银器无论是制作工艺、艺术审美特质、精神内涵还是文化品位都有着无可替代的地位。因金、银等材质千年不朽，首饰、金银器所记载的社会文化信息的真实性、可靠性要远远超过同时期留存下来的绘画、雕塑等艺术作品，其内在价值及社会地位远未达到其应具有的社会影响力，甚至远不及同时期的瓷器及唐三彩，尽管唐代瓷器在诸多方面还受到金银器的巨大影响。当然也与首饰、金银器多为贵重器物，不具有大众性，只能与上层阶级的审美有一定的关系。唐代首饰、金银器的工艺及艺术审美极度繁荣，甚至可谓达到了封建社会的巅峰，但其影响多限于古代金银器，对我国传统美术甚至工艺美术没能造成更加广泛且深远的影响，所以无法使金、银材质如同玉一样成为中华文明美学的典型代表，就这个角度而言，对唐代首饰、金银器的研究及推广任重而道远，这也正是其研究价值所在，不可因其物料的名贵珍稀而忽略其内在的审美价值及社会价值。

第四节 唐代首饰与金银器并置研究的原因

在前任学者的研究当中，多数学者都将唐代首饰与金银器作为独立的两种类别进行研究，例如，扬之水的《中国古代金银首饰》、李芽的《中国古代首饰史》主要从首饰角度入手进行研究，而齐东方的《唐代金银器研究》则是从器物角度切入进行研究。还有一个原因就是首饰与金银器的造物理念、装饰纹样、装饰手法、制作工艺管理部门等多相同，导致很多研究者将首饰与金银器混为一谈，特别是金银材料制作的首饰，但实际情况是两者的使用功能、制作器物所使用的材料、形制、类别等存在着较大的差异。本书之所以将两者并置研究，是希望能够梳理出两者的交叉部分，同时通过第二章和第三章讲清楚两者之间的差异性，其共同之处个人总结如下。

一、工匠的工作范畴及管理部门相同

据《新唐书·百官志》对分工的记载来看，细镂之工所承担的工作范畴应该涵盖着首饰与金银器的加工制作，制作的工匠相同意味着管理部门相同，中央政府由掌冶署、金银作坊院及文思院等机构来进行统一管理。《唐六典》（卷二十二 少府军器监）中记载：“掌冶署，令一人、丞二人、府六人、监作二人、典事二十三人、掌固四人。”[1]掌

[1] 李林甫，等.唐六典：卷二十二［M］.北京：中华书局，1992：576–578.

冶署相较于金银作坊院及文思院管理的范畴更多一些，而金银作坊院则相对专业化、具体化一些。文思院（始建于公元854年唐宣宗大中八年）是唐代晚期的内廷机构，主管金银器加工制造、金银锭的铸造等事宜。在法门寺出土的金银器中，刻有文思院铭文的器物有摩羯纹蕾纽三足银盐台、鎏金卧龟莲花纹五足杂带银香炉、鎏金鸿雁流云纹银茶碾子、鎏金仙人驾鹤纹壶门座茶罗子、素面云头银如意、如意柄银手炉、迎真身纯金钵盂、迎真身银金花双轮十二环锡杖等多件器物。

二、二者在选材、工艺、纹样等方面的重合之处

在以往的研究中，还存在很多学者把首饰与金银器分类混淆的现象。其实不难理解，唐代首饰、金银器所选用的主要材质多为金、银、铜以及宝石、珍珠，使用的材料相同，其制作工艺自然就大同小异，主要有錾刻、捶揲、鎏金、铸造、金框宝钿等加工制作工艺，因其有诸多相同或相近之处，往往容易出现两者混淆的现象。但严格意义上来说，首饰就是佩戴于人体之上的装饰物，如冠饰、发簪、项链、臂钏、戒指等，而金银器则为使用金银材料制作的生活实用器，如杯、碗、瓢、盆、壶、罐、酒器、茶笼子等，桌上器（也称为陈设器或摆件）、礼乐器、宗教法器、佛像等，还有墓葬的铭器如金棺银椁等。

二者的装饰纹样也有很多相同或相近之处，多为人物纹、动物纹、植物纹及几何纹，如植物纹常用卷草纹，底纹常用鱼子纹等，这也是导致两者会混为一谈的原因。

三、同类形制的器物可作首饰、金银器使用

还有一种情况容易将首饰与金银器混淆，就是同一种形制的器物既为首饰，也为金银器。其中典型的就是金银香囊，如法门寺出土的直径达12.8厘米的鎏金双蛾团花纹镂空银香囊，是悬挂在室内或车马上用于熏香的器物，而陕西西安沙坡村1963年出土的直径为4.8厘米的鎏金团花飞鸟纹银香囊，则为随身戴在腰上或衣袖之中的首饰。这就是同一类器物既可以作为实用器也可以作为装饰用的器物，其形制、熏香功能、制作工艺甚至部分纹样都相同或近似，但其体量大小不同、陈设摆放或佩戴的方式不同，也就容易导致两者之间的边界模糊化或混淆。

四、首饰、金银器的佩戴与使用承载着共同的“礼制”

作为礼仪之邦，唐代首饰、金银器的佩戴与使用方式承继隋朝，包括《武德律》及之后几次制度的规范，直至上元元年（公元674年）制度的完备，首饰的佩戴与金银器的使用就有了规范、标准和尺度。据《新唐书·车服志》记载：“其后（唐高宗显庆）以紫为三品之服，金玉带銙十三；绯为四品之服，金带銙十一；浅绯为五品之服，金带銙十；深绿为六品之服，浅绿为七品之服，皆银带銙九；深青为八品之服，浅青为九品

之服，皆鍮石带銙八；黄为流外官及庶人之服，铜铁带銙七。”[1]以带銙为例，其使用的材料品级由高到低依次为金玉、金、银、鍮石、铜铁。安史之乱后，可谓“礼崩乐坏”，制度与现实不能完全匹配，突破制度底线的僭越现象比比皆是。在如今诸多影视剧中，也多有这种“僭越”的现象，以《长安十二时辰》剧中的檀棋和许鹤子为例，檀棋簪插4支金发簪、一把金梳及若干金花钿，许鹤子簪插2支金步摇及金华胜，项链则为仿制隋李静训墓出土的嵌珍珠宝石金项链。在剧中，檀棋是从六品靖安司司丞李泌的贴身侍女，许鹤子是教坊宜春院内人，根据《新唐书·车服志》记载的规定，她们都不具有佩戴由黄金、宝石制作的首饰的资格，尽管李泌官居从六品，其正妻可以佩戴4树金发钗，但檀棋作为侍女则不可佩戴。当然，其妆容、服饰和道具都是影视剧的真实，而非历史的真实。

在“礼制”的官方制度及世俗约定俗成的规定之下，佩戴什么首饰、使用何种器物都有其特定的社会属性，受到使用者所隶属的社会尊卑等级、风俗习惯、礼仪制度等社会规范的制约。佩戴首饰、使用金银器是其社会属性的外在表现，有材料、数量、纹样、色彩等相应的翔实规定，制度体系严明。

五、多元文化的融合蕴含于两者之中

在唐代首饰、金银器中蕴含有多元文化融合的特征，首先是儒释道文化共存，无论是器型还是纹样，都多角度地呈现了唐代首饰、金银器中蕴含的本土儒道文化与佛教文化的交流与融合，如器物上錾刻有童子人物纹样，或錾刻有佛、菩萨等形象；其次是不同民族和国家的文化交流融合，在首饰、金银器上既有传统褒衣博带的人物形态，也有胡人形态，酒器既有传统的金银酒器，也有外来的高足杯。

首饰、金银器通过外在形态、功能、材质、工艺等方面呈现了这一特定历史阶段的整体社会文化特征。不同形制的发饰、项饰、首饰是不同生活方式、生活习惯的具体体现，如节假日、祭祀、婚丧嫁娶等习俗在不同的时间、不同的地点，对应有不同形制的首饰和金银器，也就是说首饰、金银器的佩戴和使用有唐代约定俗成的时间和空间场域观。

今天，我们通过对唐代首饰、金银器的研究，旨在探寻世界文化大融合的格局下，如何以开放、包容的姿态构建我们的文化自信，既不一味模仿、抄袭外来文化，也不做民粹文化的保守者，在开放的格局中不迷失自我。

[1] 欧阳修，宋祁．新唐书：卷三十四［M］．北京：中华书局，1975：529．

第二章

唐代首饰

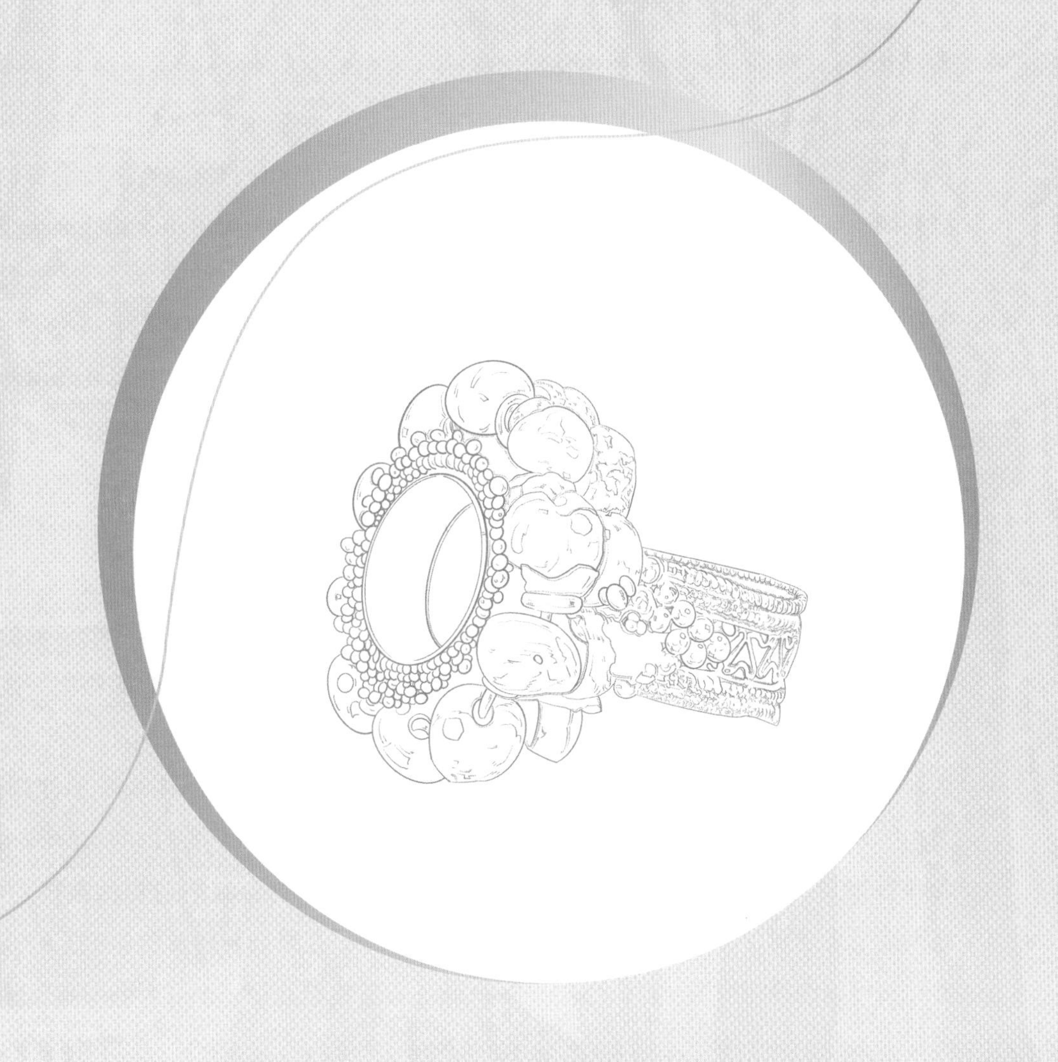

第一节 概述

唐代首饰、金银器的造物设计源自三个部分：第一，对前人形制、工艺、纹样、色彩观等的传承；第二，受外来文化的影响，直接或间接地学习以及学习之后与本土文化融合产生的新形态、新观念；第三，独立创新的造物活动。“影响器物形制的主要因素归结为两种，即器物的实用功能以及礼制因素。基于这两者的设计都体现出相当成熟的整体性或系统化的观点：就功能的理解和实现而言，器物被纳入了它同使用者和使用环境共同组成的系统之中来加以考虑；就礼制观念而言，器物更多是被组织到整个社会的大环境当中去，在实用观念以外，还使器物的社会效应得到了明确的彰显。应该说，成熟的功能意识同我国‘备物致用’的传统成器观念不无相关，而作为其历史效果之一，则导致了我国古代成器技术取得了举世瞩目的成就”。[1]

唐代首饰的造物设计，首先是器物的形制规划、创造或借鉴，在知识产权保护意识尚未被提及的时代，相互学习和借鉴是造物活动中的常态，器物的形制规划还受到人们的生活方式、时代审美观的影响；其次是附着在首饰器物上的纹样、色彩的设计和规划；接下来是对材料的选择，不同的阶层根据礼制可以选择相应的材料，当然，高阶层的可以向下选择低阶层的使用材料，低阶层则不可逾越礼制佩戴高阶层的首饰，材料一旦选定，相应的制作工艺也就随之确定。

首饰体现了形态、纹样、色彩、材料、工艺等方面的造物活动，它既是造物观、审美观的载体，同样也是社会文化价值观的载体。种类繁多的头饰、项饰是这个时代的典型特征，折射出唐代的流行浪潮和时尚趋势。在服饰制度的限定和制约下，佩戴首饰是满足个体自然属性的行为，也就是每个人都有对首饰实用功能和装饰功能的需求；佩戴首饰更是一种社会属性的呈现，即佩戴首饰要受到礼仪制度、社会地位、经济状况、风俗习惯、宗教信仰等社会属性制约。佩戴首饰是其社会属性的外在表现，首饰的佩戴隐喻着相同阶层、相同宗教信仰、相同习俗人群的身份认同，具体而言，主要体现在选用什么等级的材料，什么样的纹样和色彩。佩戴首饰的数量多少、佩戴部位、佩戴时间和场合都有相应的仪制。也就是说唐高宗显庆二年的服制不仅规定了不同阶层佩戴首饰的数量，还规定了使用的材料及色彩。因此，佩戴首饰的自然属性和社会属性反过来也会制约造物活动中器物形制、纹饰、色彩、材料及制作工艺的选择。所以说造物设计是一种戴着枷锁和镣铐的创造性活

[1] 徐飚．成器之道——先秦工艺造物思想研究［M］．南京：江苏美术出版社，2008：89.

动，而非毫无根据的臆造或天马行空的胡编乱造。

程式化的设计，使得相同的器形、纹样在首饰、金银器、铜镜、陶瓷、服装等工艺门类中普遍应用，如卷草纹样的普遍应用以及仿生形态的造物理念在各类器物中广泛应用。用动物、植物仿生设计来造型的器物大多呈现抽象化、程式化的特点，形成了诸多影响周边国家和民族及后世的器型、纹样范式。唐代首饰是实用性和装饰性相结合的器物，在设计制作过程中，工匠们造物设计的思维理念、方式，以及制作工艺流程、技法等在学徒期间便代代相传，形成普遍的规律，并结成相同的知识观，这是设计行为程式化的原因之一。相同的服饰礼仪制度、民风民俗，共处一个文化体系，有着一致的审美观、价值观、等级观，这些也是导致首饰设计程式化的原因。

第二节 唐代首饰的类别

唐代首饰可以依据制作材料、款式、造型、功能、制作工艺、佩戴方式等进行分类，按照佩戴部位分为冠饰、头饰、耳饰、项饰、臂饰、手饰、腰饰、脚饰等，其中，头饰出土的数量最多，项饰、腰饰次之，脚饰则极为稀少，鲜有实物出土。

一、冠饰

戴冠不限男女，但男女之间所戴的冠饰形制区别较大。男子所戴的幞头，女子出行所戴的羃篱、帷帽与胡帽等通常属于帽饰的范畴，因此不纳入以金属、宝石材料为主制作而成的首饰类别。女性所戴头冠多为凤冠，如陕西乾县懿德太子墓室石刻的戴步摇冠的宫女，敦煌莫高窟103窟壁画中描绘的唐代戴凤形步摇冠的供养人等。2013年，在扬州考古发现了隋炀帝和萧后的合葬墓，墓中出土了后冠一件（图2-1），这是目前发现的唐代被修复后保存最为完整、级别最高的作为礼服头冠的冠饰。萧后冠饰主体由12花树、12宝钿及2博鬓组成，这与唐代关于后冠仪制数量的规定是相吻合的，也就是说，在安史之乱前的唐王朝，服制基本遵从规章制度，无僭越现象。

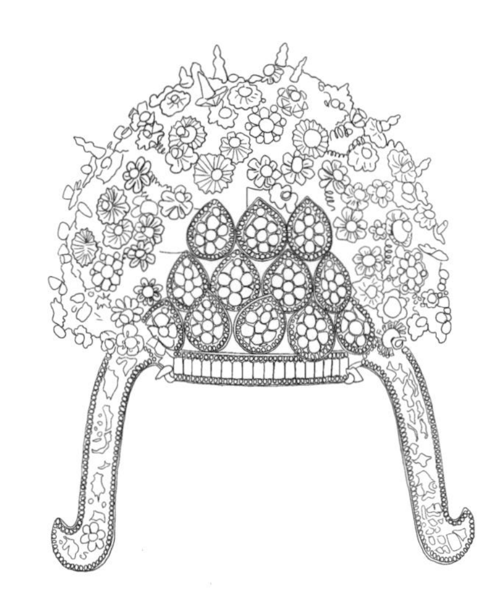

图2-1 （隋）萧后冠饰，伍柏燃手绘

二、头饰

在唐朝首饰门类之中，头饰的种类是最丰富多样的，这与当时流行高髻的时尚风潮有关，高髻为佩戴各类头饰提供了展示空间，唐代头饰包括簪、钗、花钗、花树、华胜、步摇、金钿、簪花、梳篦等。

（一）簪、钗

簪和钗是唐代最具代表性的头饰，既可以用于固定头发，同时也是头部装饰最为重要的首饰之一。两者之间因为装饰部位、纹样、制作工艺相同，常常容易混淆，其主要的区别是：簪多为单股，男女通用；钗为双股，多为女性专用。发钗一般插于高髻的正面或左右两边，以左右绝对对称的形式成对簪插，每件发钗的形制、纹样、制作工艺、重量、长度基本相同，簪和钗的装饰主要位于簪或钗首。

簪、钗的种类繁多，命名方式也有多种。根据其制作原材料分为：玉、金、银、铜、琉璃、玳瑁、珊瑚、竹、骨、木（木簪、荆钗）等。根据簪、钗首的不同装饰和形制，可以分为三种命名方式：第一种是动物形簪、钗，如龙簪、凤钗；第二种是植物形簪、钗，如缠枝钗，在唐代，花卉发簪最为流行，如今考古出土的数量也最多；第三种是几何形簪、钗，典型的有如意发簪、云水纹钗等。除上述三种命名方式外，有时也将材料、器型、纹样叠加进行命名，如玉燕钗、金凤簪等。

发钗的股柄较长，这是为配合高髻而形成的造物观，其设计在体量长短上显然是受唐代发饰的流行趋势所影响。以江苏镇江丁卯桥窑藏出土的760余件银钗为例（图2–2），钗头形状大体可以分为半环状、大半环状、云头状三类，长度从19.5厘米到34厘米不等，双面錾刻简单的唐草纹、菱形纹、海棠纹、花蕊纹或联珠纹纹样，器型和装饰纹样简洁。类似形制的发钗在陕西西安韩森寨唐墓、浙江临安钱宽夫人水邱氏墓都有多件出土，并且在敦煌莫高窟156窟西壁晚唐供养人头饰（图2–3）及9窟晚唐壁画礼新妇贺氏等三贵夫人头饰（图2–4）中分别簪插有8支和10支与丁卯桥出土的银钗形制相同的发钗。在空间上相隔千余公里的不同地区，分别以实物和绘画的形式出现了相同或近似形制的器物，并且出土数量多，这说明在晚唐时期十分流行这种发钗。

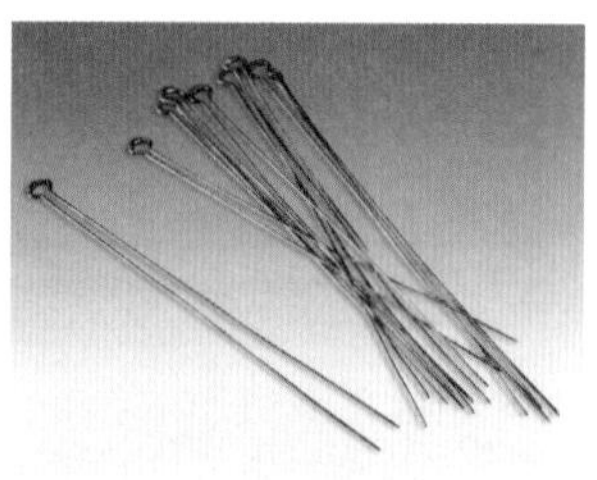
银钗（之一）

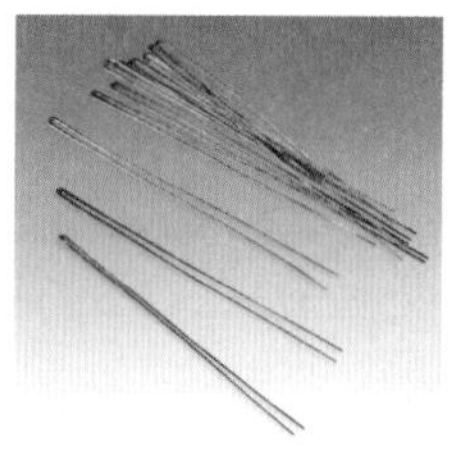
银钗（之二）

图2–2 （唐）银钗，江苏镇江丁卯桥窑藏出土
图片来源：镇江博物馆，《镇江出土金银器》，文物出版社，2012年，第116、117页。

（二）花钗

花钗是唐代极具特色的一种首饰，它是将钗头錾刻和镂空动物纹、植物纹或人物纹等纹样的一种体量较大的发钗，其形态设计践行了《周易》爻辞倡导的“制器尚象”造物法则，这是我国传统借鉴自然生物特征以写实手法创造的形态，是仿生造型造物观的传承和延续。“仿生将自然生物的内在特点

图2-3 （晚唐）敦煌莫高窟156窟西壁供养人头饰
图片来源：黄能馥、陈娟娟、黄钢编著，《中华服饰七千年》，清华大学出版社，2011年，第78页。

图2-4 （晚唐）敦煌莫高窟9窟壁画礼新妇贺氏等三贵夫人头饰
图片来源：黄能馥、陈娟娟、黄钢编著，《中华服饰七千年》，清华大学出版社，2011年，第79页。

和本质用外在的形式语言呈现出个性化、艺术化的创造性活动，具有生命特征”。[1]

几件具有代表性的唐代花钗分别是：1956年出土于西安东郊韩森寨的鎏金蔓草蝴蝶纹花钗、鎏金摩羯荷叶纹银钗、双凤纹花钗；1970年出土于西安南郊何家村的两件鎏金蔓草蝴蝶纹花钗。

（三）步摇

步摇也是簪、钗的一种变体，是指在簪、钗顶部装饰垂坠饰物而成的首饰，装饰纹样多为植物纹或动物纹。

因其制作材料多为金银珠玉，所以簪插步摇者多为贵族妇女。以敦煌莫高窟第130窟（盛唐，公元705—781年）的敦煌壁画都督夫人礼佛图女十三娘供像为例，其人物形象头部绘有簪插左右对称的凤鸟衔珠步摇（图2-5）。该步摇应为花丝或錾刻工艺制作而成的金银凤鸟形态的首饰——两只左右相对的凤鸟分别口衔一挂珠串，当佩戴者走动时，垂坠的珠串便随着脚步摇动，形成动态的以及化静为动、动静结合的视觉审美效果。

图2-5 （唐）敦煌壁画都督夫人礼佛图女十三娘，张萌手绘

[1] 徐红磊，于帆. 基于生命内涵的产品形态仿生设计探究［J］. 重庆：包装工程，2014（18）：34-38.

（四）梳篦

梳篦除具有整理头发的实用功能之外，还可作为重要头饰簪插在高髻之上。装饰性梳篦在我国历代头饰之中装饰风格独特、独树一帜，直至唐代达到其作为装饰物的巅峰时期。梳发用梳多以木、竹、牛角制成，插戴用梳常以金银、玉石、象牙、玛瑙、水晶等名贵材料制作而成。唐代的梳篦多呈长方形、梯形、半月形等形制，这种形制的梳篦影响至今，在器型上没有本质的变化。簪插梳篦的形式主要有单插于前额、单插于髻后、对插左右顶侧两梳及对插三梳等，这些形式簪插梳篦的数量按照女子所处的社会地位从一把到四五把不等，尺寸也不相同，尺寸最大者甚至超过一尺二寸。典型的梳篦出土实物有现收藏于陕西历史博物馆的金梳背（图2-6）以及现藏于上海博物馆的白玉花卉纹玉梳子（图2-7）。

簪插梳篦之风对后世日本服饰文化影响巨大，在大量的日本浮世绘中都有近似唐代的头饰，如梳篦、发簪、花树等。

图2-6 （唐）金梳背，陕西历史博物馆藏，黄子健手绘，长7.9厘米，高1.5厘米，厚0.34厘米

图2-7 （唐）白玉花卉纹玉梳子，上海博物馆藏，黄子健手绘，长13.8厘米，宽4.8厘米，厚0.2厘米

（五）宝钿、金钿与花钿

唐代宝钿或金钿是指插在高髻上的饰品，以金银为托，镶有宝石的称为宝钿，只使用了金银材料制作而成的称为金钿。花钿则多指用猪皮胶或鱼鳔胶（也称呵胶）贴在眉心或脸颊上的饰品。宝钿或金钿主要簪插于呈扇形高髻的反绾髻上或对插于发髻左右两侧，也有的直接单只簪插于发顶，由于其外轮廓形态多为宝相花形、桃花形、梅花形、折枝花形、葵花形、石榴花形、团花形等花卉形态，大多相似，因此人们常把两者混为一谈。

宝钿或金钿的佩戴方式有两种，一种是在金花背面焊接钿脚，直接插于发髻上，作为独立的发饰；另一种则无钿脚，在花蕾部分或花瓣的背面有一个钮孔，使用时将簪钗两支钗脚插入孔中，固定在发髻上，与梳篦、钗簪、华胜等配合使用。在佩戴数量上，少则一两支，多则数支。

三、耳饰

唐朝时期，汉族受儒家文化影响，除歌舞伎外，少有佩戴耳饰者，但唐代的佛教人物佛、菩萨、天王、力士等多佩戴耳饰，且形制几乎涵盖了耳饰的全部种类。

截至目前的考古发现，最具代表性的耳饰有1988年陕西咸阳贺若氏墓出土的两枚形制相同的耳坠以及江苏省扬州市三元路窖藏出土的5件唐代耳饰。以贺若氏墓出土的耳坠为例，该耳坠高3.6厘米，坠身呈橄榄核形，用黄金包镶红、蓝、绿等多色宝石，其制作工艺涵盖了镶嵌、炸珠、铸造、拉丝、焊接等多种工艺门类，堪称唐代首饰的上乘之作（图2-8）。尽管与作为唐代主流的发饰相比，耳饰出土数量少得多，但其制作工艺水平、艺术审美与其他类别的首饰都处于同一高度。

图2-8 （唐）多色宝石耳饰，陕西咸阳贺若氏墓出土，侯媛笛手绘

四、项饰

唐代的项饰主要分为项链、项圈、璎珞、念珠等类别。

项链多用珍珠、宝石或金属链条串联为一个整体，可分为吊坠项链和无坠项链。唐代项链出土或存世实物较少，西安市玉祥门出土的隋大业四年（公元608年）李静训墓的金项链可以作为考证初唐项链的重要参照物（图2-9）。

项圈多为使用金属材质一体制成的圆环状、月牙状首饰，在浙江长兴下莘桥窖藏出土了一件花鸟纹银项圈（图2-10）——项圈由两条柳叶形银片向两端逐渐变平的银条锻打弯曲而成，内侧银条上正面錾刻飞鸟、卷草纹饰，底纹为唐代最具代表的鱼子纹，外侧银条则为素面，在纹样装饰上形成简与繁的对比关系，银条两端尖细部分用银丝缠绕固定成型。这种形制的项圈因其形态、制作工艺相对皇家贵族首饰更为简洁，而成为世俗生活中的重要首饰，影响至今。

图2-9 （隋）金项链，李静训墓出土，侯媛笛手绘

图2-10 （唐）花鸟纹银项圈，浙江长兴下莘桥窖藏出土，长兴县博物馆藏
图片来源：浙江省博物馆，《错彩镂金：浙江出土金银器》，浙江人美出版社，2012年。

璎珞原是流行于印度的一种项饰，玄奘《大唐西域记》中记载："国王、大臣服玩良异，花鬘，宝冠以为首饰，环钏璎珞而作身佩。"[1]后随佛教传入我国，在唐代宫廷侍女、舞伎中流行。

五、臂饰

唐代的臂饰包括臂钏、臂环、跳脱、缠

[1] 玄奘．大唐西域记［M］．北京：中华书局，2000：88．

臂金等类别。

臂钏多戴在大臂上，手镯则是戴在手腕处，也可称为“腕钏”。臂环、跳脱、缠臂金多戴于手腕至大臂之间，即是一种介于手镯和臂钏之间部位的环形首饰。在许多文献中常将臂钏、手镯、臂环、跳脱、缠臂金混为一谈，因为它们都是手臂上的装饰物，其区别主要在于佩戴部位的不同——臂钏特指佩戴位置固定在大臂上，单圈，且内径较手镯粗大；而跳脱、缠臂金为多圈，且每圈粗细都不同，佩戴部位从手腕处至大臂，佩戴者跳动时，佩戴的跳脱、缠臂金也会随之滑动。

唐代金银臂钏出土较多，最具代表性的是法门寺地宫出土的六件鎏金纹银臂钏，这六件臂钏分为两种形制，并且其形制与同时出土的捧真身菩萨手臂上佩戴的臂钏形制相近，两者能够互相佐证。敦煌莫高窟壁画中的菩萨以及反弹琵琶的飞天臂上，也都戴有单圈的臂钏，在佛教造像中，也多有佩戴臂钏者。

在周昉的《簪花仕女图》和阎立本的《步辇图》中清晰地描绘了当时唐代女性佩戴缠臂金的场景。以《步辇图》为例（图2-11），画中抬步辇的九名宫女除一人背对画面及被唐太宗遮挡的无法确认其是否佩戴缠臂金之外，其余七人皆佩戴多圈缠臂金类首饰（图2-12）。

图2-11 （唐）阎立本《步辇图》局部，故宫博物院藏
图片来源：杨东胜，《东方画谱 · 隋唐五代人物篇 · 步辇图》，文物出版社，2017年。

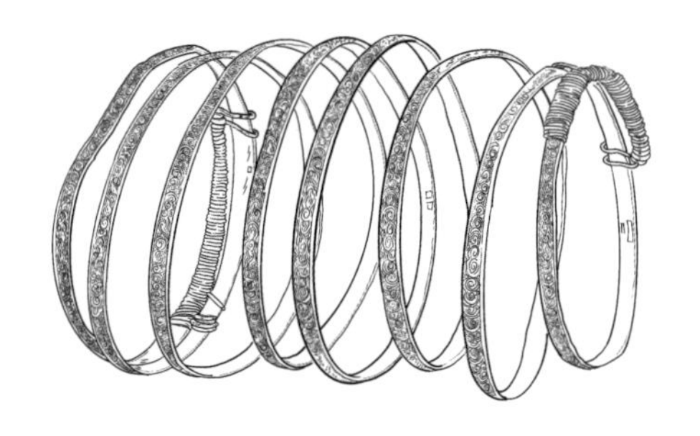

图2-12 （明）缠臂金，梁庄王墓出土，李佳其手绘

图2-13 （唐）银镯，江苏丁卯桥窖藏出土，镇江博物馆藏
图片来源：镇江博物馆，《镇江出土金银器》，文物出版社，2012年，第119页。

图2-14 （唐）鸿雁纹鎏金银腕钏，洛阳唐艺金银器博物馆藏，侯媛笛手绘

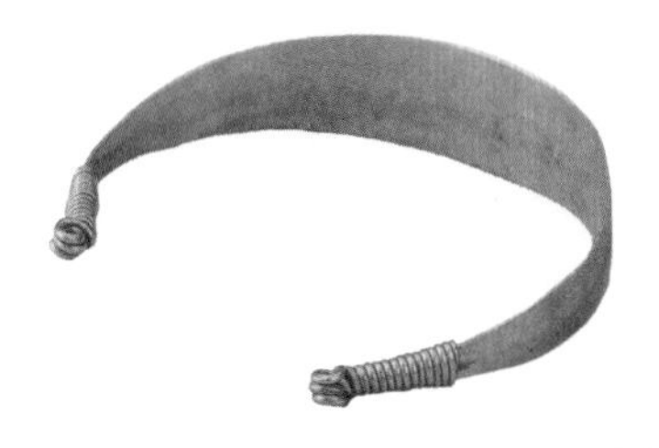

图2-15 （唐）金臂钏，何家村出土，陕西历史博物馆藏
图片来源：齐东方，申秦雁，《花舞大唐春》，文物出版社，2003年，第229页。

六、手饰

唐代的手饰包括手镯和戒指两种。

（一）手镯

手镯俗称镯子，也称腕钏，制作材料多为金、银、铜、玉石等，造型有圆环型、串珠型、绞丝型、竹节型等。

以江苏镇江丁卯桥窖藏出土的29副银镯（图2-13）为例，通过对其制作工艺、造型、纹饰的考察，发现其与浙江长兴下莘桥窖藏出土的花鸟纹银项圈、洛阳唐艺金银器博物馆馆藏鸿雁纹鎏金银腕钏（图2-14）、何家村出土的金臂钏（图2-15）属于同一类型——绞丝型，即两头捻搓成细丝后分别折回，各缠若干圈做成开口，使用时可根据手腕或脖子的粗细调节项圈和手镯开口的大小。三者出土地域不同，佩戴部位不同，但造物理念与制作工艺近似，属于同一类型，尽管其在形态、制作工艺、材料的使用上远不及西安市何家村窖藏出土的镶金白玉钏华美，但正因其世俗化的形态和工艺，该手镯形制影响至今。

在此要特别说明的是，法门寺出土的六件臂钏，内径为9.2厘米，外径为11厘米，而何家村出土的金臂钏内径仅为6.9厘米，根据内径佩戴尺寸大小以及形制来看，该首饰应是佩戴于手腕的金手镯或金腕钏，而不应命名为金臂钏。

（二）戒指

在唐代，戒指不及发饰流行，其制作材料主要有玉、金、银、金镶宝石等。史料中有王氏子妇赠李章武白玉指环，并赠诗曰："捻指环相思，见环重相忆。愿君永持玩，循环无终极。"[1]其中，指环是具有纪念性的

[1] 李昉，等. 太平广记［M］. 北京：中华书局，2020：2244.

相思之物，尚未成为订婚信物。在敦煌莫高窟初唐057窟南壁供养菩萨右手小拇指处，十分显眼地绘有一枚中间镶宝石，用联珠纹装饰的戒指（图2-16）。唐代戒指的出土实物则以扬州博物馆藏的嵌宝镶珠镂空錾花金戒指为典型代表（图2-17），金戒指界面包镶一颗圆形宝石，目前宝石已脱落，石窝四周第一层用金粟装饰，第二层用金丝串珠工艺镶嵌10粒珍珠装饰而成，并用黄金制作的石窝托住珍珠。

扳指多指射箭时戴在大拇指上拉弓用的工具，主要作为实用工具佩戴，而非装饰品。

图2-16 （初唐）敦煌莫高窟第057窟南壁供养菩萨，侯媛笛手绘

图2-17 （唐）嵌宝镶珠镂空錾花金戒指，扬州博物馆藏，李佳其手绘

七、腰饰

唐代的腰饰主要有玉佩、腰带、香囊等。

（一）玉佩

唐代男女均可佩玉，据《旧唐书·舆服志》记载："诸珮，一品佩山玄玉，二品以下、五品以上，佩水苍玉。"[1]唐代对玉佩所使用材料、颜色、形制、纹样、制作工艺、尺寸以及佩戴方式等都有严格的规定。以故宫博物院藏的玉鸟衔花佩为例（图2-18），该玉佩采用写实与图案化手法结合的方式雕琢成形，装饰上采用花鸟纹，尚未受唐后期程式化的团花纹、卷草纹的影响，形体自由灵动、充满活力，高度概括凝练的鸟尾与细密繁复的鸟翅膀纹饰形成疏密对比，其形制对后世影响深远。

（二）腰带

在唐代，腰带也是男女皆可佩戴之物，根据腰带制作的材料可分为金、玉、犀角、银、铜铁腰带等，蹀躞带为贵族佩戴的腰带，其中金玉带銙等级最高。据《新唐书·车服志》记载："腰带者，搢垂头于下，名曰铊尾，取顺下之意。一品、二品銙以金，六品以上

图2-18 （唐）玉鸟衔花佩，故宫博物院藏，任栩鸾手绘

[1] 刘昫，等. 旧唐书：卷四十五［M］. 北京：中华书局，1975：1945.

以犀，九品以上以银，庶人以铁。”[1]从中可以得知，一条完整的蹀躞带由鞓、銙、尾和带扣四部分组成，并且根据等级制度严格规定了所能佩戴腰带的材质，白玉銙等级是最高的，玉带銙的形制从唐代沿用至清末，其中以西安市何家村窖藏出土的九环十四銙白玉蹀躞玉带（图2-19）和西安窦皦墓出土的玉梁金框真珠蹀躞带最为精美。

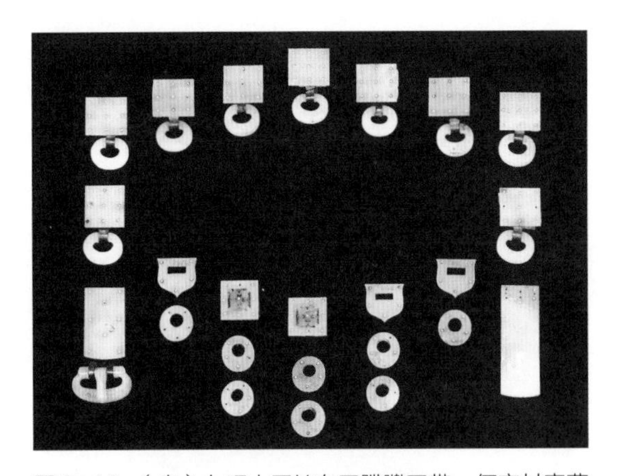

图2-19 （唐）九环十四銙白玉蹀躞玉带，何家村窖藏出土，陕西历史博物馆藏
图片来源：齐东方，申秦雁，《花舞大唐春》，文物出版社，2003年，第209页。

（三）香囊

香囊一般佩在腰际，也可以纳入袖中收藏。在各式香囊中最具特色的是金银香囊，其中以法门寺地宫出土的鎏金双蛾团花纹镂空银香囊和鎏金瑞鸟纹银香囊最为精美。金银香囊由上下两半球的囊盖用子母扣扣合而成，内外分三层，最外层为囊盖，中间是起调节作用的两个平衡环，最里层是盛放香料的小盂。该形制一直沿用至明清，并且从唐末之后走向了世俗化发展方向，直至衰落。

因笔者在《在场之美中：唐代服饰研究与活化设计》一书中对唐代首饰做了较为翔实的分析，加上扬之水、李芽诸先生们对唐代首饰类别已有较深入的论述，在此就不再赘述，还有如脚饰等不具有唐代典型性的首饰，也便不再一一列举。

第三节 影响唐代首饰造物观的因素

一个民族的首饰造物观必然与该民族的文化基因、意识形态、价值观念、审美取向以及其独有的生活方式和习惯、民俗民风、风土人情息息相关，它们多具有该民族的美学意趣、内容和形式，为该民族人民所喜闻乐见，是该民族地区的历史与文化、社会生活、经济与科技等的综合反映。唐代“重己役物”的首饰营造法受以下诸多因素的影响和制约。

一、首饰与礼制

合乎礼制是首饰造物及佩戴应遵循的第一原则，服饰礼制规定不同阶层的人佩戴与

[1] 欧阳修，宋祁．新唐书：卷二十四［M］．北京：中华书局，1975：527.

其阶层规定相应数量、材质、纹样、工艺、色彩的器物。例如，在唐代，对佩戴首饰的数量、等级有十分翔实的规定，等级制度十分森严，《旧唐书·舆服志》中记载：“皇后服：首饰花十二树……钿钗礼衣，十二钿；皇太子妃服：首饰花九树……钿钗礼衣，九钿。内外命妇服：第一品花钿九树；第二品花钿八树，第三品花钿七树，第四品花钿六树，第五品花钿五树……第一品九钿，第二品八钿，第三品七钿，第四品六钿，第五品五钿。”[1]与《新唐书·车服志》中记载几乎相同：“（皇后）钿钗礼衣者，燕见宾客之服也。十二钗……首饰大小华十二树，以象衮冕之旒，又有两博鬓。（皇太子妃）九钿……首饰花九树，有两博鬓。翟衣者，两博鬓饰以宝钿。一品花钗九树、二品花钗八树，三品花钗七树……钗钿礼衣者，一品九钿，二品八钿，三品七钿……”[2]对比两本书的记载，会发现其所遵循的礼制是一致的，佩戴花树、钗钿的数量是根据佩戴者的品级依次递减的。

在唐代礼制的制约下，佩戴首饰不仅是一种体现个人自然属性的行为，更是一种社会属性的呈现。也就是说，佩戴首饰除了受到社会地位、经济状况的制约外，还受到风俗习惯、礼仪制度、宗教信仰等社会规范的制约。佩戴首饰是社会属性的外在表现，是佩戴者身份、地位、权力的象征，具体而言，主要体现在选用的材料、佩戴首饰的多寡、佩戴部位等方面都受到相关条件的制约。首饰作为服饰礼制中的一部分，其实用性、审美性功能退居次要地位。

相同的文化基因，使首饰佩戴具有了相同阶层、民族、区域身份认同的共同审美观念和近似形态。镇江丁卯桥出土的760件发钗，形制类别仅有两三种，首饰形态整体呈现出“求大同、存小异”的价值观，这反映出首饰佩戴者希望通过首饰来表明自己的社会身份，同时获得共同阶层的认可和接纳，这便是“求大同”，而“存小异”则是指佩戴者内在的自我身份认同和标识，在造物过程中表现为器物整体廓形相同或相似，或使用的材料基本相同，只在局部纹饰或装饰部位有所区别，以极小的差异来区分佩戴者，体现他们的个性需求。

二、首饰与社会经济

在唐代，从庶民百姓到皇家贵族都对首饰佩戴有强烈的意愿和追求，如今，从各个不同的地域都出土了具有高水准的唐代首饰，这足以说明，唐代首饰佩戴和使用的广泛性。对首饰的整体消费状况是一个国家经济实力的具体表现之一，而消费状况又与首饰佩戴者的审美观、价值观以及经济实力、所处阶层密切相关。据《新唐书·柳公绰列传》记载：“永宁王相国涯居位，窦氏、女归，请曰：‘玉公货钗直七十万钱’……后钗为冯球外郎妻首饰。”[3]这说明唐代人愿意花七十万钱（约合人民币250万）购买首

[1] 刘昫，等. 旧唐书：卷四十五［M］. 北京：中华书局，1975：1955-1956.
[2] 欧阳修，宋祁. 新唐书：卷二十四［M］. 北京：中华书局，1975：517-523.
[3] 欧阳修，宋祁. 新唐书：卷一六三［M］. 北京：中华书局，1975：425.

饰，奢靡之风盛行，这也导致在中晚唐时期，朝廷多次颁布诏书禁止购买首饰，首饰成为唐代奢侈品的代名词，这也从另一个层面折射出唐代社会经济的繁荣昌盛，以及首饰造物活动受社会经济的影响。以制作首饰的宝玉石为例，唐代的宝玉石除了自产之外，绝大部分依靠进口，其主要来源有周边的藩属国以及中亚、南亚地区，最远可至非洲地区，如大食国的红宝石、绿松石，天竺国、狮子国的犀角、象牙、玳瑁等有机宝石，这与唐朝繁盛发达的外贸经济息息相关。丰富多样的宝玉石为金框宝钿的制作工艺提供了原材料，影响了唐代的首饰造型观。

三、首饰与服装

在唐代，无论男女老少，无论贫穷还是富有，无论所处社会阶层的高低，人们都爱佩戴各类不同材质、形制的首饰。首饰与服装之间的关系紧密，两者之间常常不可分割。唐代服装根据穿着场合主要分为朝服、公服、祭服和常服，前三者可以视为广义的礼服。着礼服戴首饰更多强调的是其体现出的作为礼制的社会属性，即首饰首先是佩戴者社会地位的象征，其次是审美属性的表达，最后则是实用功能的体现，甚至有些首饰没有实用功能，仅有装饰、点缀作用。而着常服戴首饰则侧重的是首饰的实用功能，其次才是装饰性和审美性的呈现，如日常生活中人们佩戴发簪，更多地强调其束发的功能。唐代首饰的造物过程在遵循礼制的前提条件下，与服装通过两者廓形、材料质地、肌理和色彩的合理选择和搭配，做到在统一中求变化，在变化中求统一，相互衬托、相互依存、相互交融，使影响首饰造物观的各种要素得到兼顾与合理的组合。

唐代首饰与服装之间还存在着一种十分特殊的现象，就是在佛造像中，诸佛和菩萨佩戴璎珞、流苏且袒露上半身的情况下，璎珞类首饰可以视为服装，也就是说此时服装既是首饰，首饰也是服装。

四、首饰与流行趋势

在唐代的服饰流行趋势之中，有两点对首饰佩戴产生了重要影响。其一是高髻的流行，高髻为佩戴诸如簪钗、花钿、梳篦等头饰提供了空间，这也是为什么唐代头饰形制多样，且在所有考古发掘、传世唐代首饰以及各类绘画中多出现头饰的原因；其二则是唐代女性服装流行袒胸露臂的时代特点，脖子至锁骨部分的袒露使得项链的装饰作用被突显出来。

唐代首饰在纹样造型上，更贴近现实生活，将自然界中的各植物、动物的形象融入首饰设计中，创作手法上更加写实，狩猎纹、伎乐纹、舞乐纹等反映现实生活的题材越来越多。

一个时代必然有其独特的时尚潮流，相应地，造物者当顺应该时代特有的审美潮流，以满足不同阶层的需求。

五、首饰与材料

选择什么样的材料大致决定了首饰采取何种制作工艺，材质的美感与工艺则直接决定了造物的精美程度。在唐代，不同阶层所佩戴的首饰都有与之相应的制作材料。例如，贵族佩戴的首饰用料珍贵，制作工艺水准高，款式形态多样，首饰制作材料主要包括金、银、各色宝石、珍珠、琉璃、玛瑙、象牙、牛角、水晶、玳瑁等。而平民百姓则多佩戴兽骨、木、竹、布帛等制作而成的价格低廉、款式简单的首饰，且由于这些材料容易朽烂，不易保存，难以传世，仅能在少量的墓室壁画、传世绘画中看到平民百姓佩戴首饰的场景，但由于缺少实物佐证，往往难以判断其制作材料和工艺，也就导致了对唐代百姓首饰佩戴情况的研究语焉不详，产生了唐代只有贵族佩戴首饰的误区。

六、首饰与佩戴场合

在什么场合佩戴什么首饰，是与礼仪制度相关的问题。在正式场合，即与礼服相匹配出现的重要场合如大祭祀等，要求首饰的材料、造型、工艺、纹样、色彩、风格、数量与佩戴者所处的社会地位、环境以及所穿服装相配，这类首饰的造物活动以合规为宜，多为沿用和继承程式化的形制，不以创新为目的，佩戴方式、佩戴部位都需吻合佩戴者的身份和所处的特定场合。

而作为与常服相匹配出现的首饰，相对而言，更侧重于体现佩戴者的个性、喜好和审美习惯，多以实用、舒适、简洁为宜。如果简单地进行划分的话，我们可以将何家村、法门寺窖藏出土的首饰视为与礼服相匹配而佩戴的首饰，而镇江丁卯桥、浙江下梓桥窖藏出土的首饰则可视为与常服相匹配而佩戴的首饰。前者极尽奢华之能事，后者则体现出世俗化风潮。从这个角度来说，造物过程都可谓“戴着脚镣和枷锁的舞蹈”，在不逾矩的前提条件下进行设计和创造。

七、首饰与民俗

在唐代，首饰和金银器还常常作为婚丧嫁娶时必不可少的民俗之物。例如，出嫁时穿着凤冠霞帔是吉祥、如意、富贵、成双成对的祈福造型观的代表，这类带有美好祝愿的祈福造型观凝结着中国人的伦理感情、生命情怀与审美取向，是一种精神性民俗文化，这也是影响至今的“龙凤戏珠、龙凤呈祥”程式化的图式、纹样、图案的由来。佩戴相同或形制相近的首饰，特别是作为常服装饰物的首饰，更多的是受民间流行的风尚、习俗影响，是一个民族或一个区域的文化即民俗文化的载体，在首饰上的具体体现会呈现出廓形、纹样、色彩、工艺特征以及佩戴部位上的差异。

当然，影响首饰造型观念的因素还有许多，如外来文化与本土文化相互激荡、相互交融对首饰产生影响，如佛教与道教文化对首饰纹样、佩戴方式、佩戴部位产生影响；又如科学技术推动制作工艺的发展，对首饰的设计与制作产生影响。

一言以蔽之，唐代首饰是对这个时代服饰制度、社会等级观、经济地位、时代审美观等的综合体现，同时是人们个性需求和美好祈愿的载体，影响首饰造型观的因素是多方面、多维度的，对此进行探讨希望起到抛砖引玉的作用。

第四节　唐代首饰的审美特征

在唐代的首饰、金银器、服装、建筑、城市规划等造物活动中，对称式、平面化的造物观贯穿于造物活动的各个门类，是十分重要的美学观；金玉配造型观则是首饰、金银器门类独具特色的传统造物观。

一、对称式造型观

从器形、纹样、色彩、肌理以及装饰手法等角度来看，采用绝对对称式和相对对称式造型审美法则的唐代首饰、金银器数量众多，甚至在佩戴的簪插方式上也强调左右数量的对称，如李渊五世孙女李倕墓出土的金筐宝钿裙饰（图2-20），以中心点为绝对对称中心，使饰物产生均齐、对称的视觉效果；在《捣练图》中女性簪插的宝钿则是数量、形态上的左右对称（图2-21）。绝对对称式或相对对称式造型手法所呈现出来的美学特点，具有强烈的秩序感、稳定感。对称式形式美法则符合“不偏不倚、折中调和”的中国式哲学观，这也是为什么对称式形式美法则是中国人民最容易接受的视觉审美习惯的原因。

图2-20　（唐）金筐宝钿裙饰，李倕墓出土

这种对称式的造型观，在传统的建筑与城市规划中也常用到，如唐长安城就是以朱雀大街为中轴线，左右对称式地展开，划分出110座里坊，分东西市，从城市的平面布

图2-21　（唐）张萱《捣练图》局部，簪插有宝钿的唐代妇女，现藏美国波士顿博物馆

图片来源：杨东胜，《东方画谱·隋唐五代人物篇·捣练图》，文物出版社，2017年。

局来看，符合相对对称式审美特征的规划布局。中轴线左右对称平面化布局的特点体现在单体建筑中，通常以厅堂为中心线，左右厢房对称式地展开。

二、平面化造型观

唐代首饰、金银器的器形、纹样多以平面化造型观进行设计制作，也就是将主观或客观对象在只有长和宽形态的二维空间进行线性思维的创作，往往不强调形态在立体空间或三维空间中的变化关系，而是将三维形态以正投影的方式转化为二维平面形象。视觉审美的平面化，与中式服装的平面化裁剪、平面型服装结构观是一致的，这与西式服装多强调立体的裁剪观，强调人体的起伏和空间变化的审美观完全不同。二维平面形态是将立体三维形态的典型特征抽象提炼出来，舍弃细节化的形态语言，从视觉效果上而言，更加直观、简练。以美国克利夫兰艺术博物馆馆藏的金凤头饰为例（图2–22），凤凰是中国式图案的典型代表。制作时，首先在造型上采用锯切的工艺手法，塑造出凤凰长、宽的基本廓形，然后采用錾刻技法，用錾子刻线，勾勒出凤凰的内部细节形态，整体图形语言平面化、装饰性强，没有三维空间的形体塑造。

还有一种特殊的平面化造型观，就是器形虽然具有三维空间的长、宽、高形态，但整体器形从正视图、侧视图、顶视图三个维度的视角来看，无论是外观形态还是纹样装饰，都没有变化或缺乏本质性变化，也可视为平面化造型观，典型的器物有金银香囊，其从各个角度观看，形态都十分相似。

三、金玉配造型观

金和玉在东方文化里象征着高贵、权

图2–22 （唐）金凤头饰，美国克利夫兰艺术博物馆藏，吴琦手绘

力、地位和财富，金玉配是祈福造物观的典型代表，这也是为什么我们常将一段美好的婚姻比喻为“金玉良缘”，而家族人丁兴旺、财富极多则比喻为“金玉满堂”的原因。金玉配造型观是十分典型的中国首饰文化基因的载体，完全不同于西方首饰造型观。特别是玉的质地，其强调的是透与不透之间的温润，同时金框宝钿的镶嵌工艺将玉的材质美展示，但又不完全袒露在外，有“犹抱琵琶半遮面”的视觉美学效果，这一类造物活动的理念正好契合了儒家的中庸哲学观，并且影响至今，其核心价值观仍然活跃于今天的首饰设计领域。

唐代采用金玉配造物观制作而成的首饰，最具代表性且最为华丽的是西安窦皦墓出土的金筐宝钿玉带（图2–23）——将黄金镶嵌在和田白玉内，金托内包镶珍珠及各色宝石，玉内嵌金，金上镶玉，极尽奢华，展示出的技术性与艺术性达到了高度统一，实用价值与审美价值也和谐统一于一体。

总之，探寻内在核心的造物理念和造物逻辑，即为什么器形会呈现方圆结合的形态？为什么会出现多曲的金银器？“制器尚象”“应物象形”“天人合一”“天圆地方”等传统哲学观、价值观与美学观，对宇宙自然的认知如何贯穿于唐代首饰、金银器的造物活动之中？笔者希望站在唐代首饰、金银器的视角进行观察、总结，这也是唐代首饰、金银器活化设计研究的价值所在。

图2–23 （唐）金筐宝钿玉带，西安窦皦墓出土，陕西历史博物馆藏
图片来源：韩伟，《中华国宝 · 陕西珍贵文物集成》金银器卷，陕西人民教育出版社，1998年，第177页。

第三章

唐代金银器

第一节 概述

目前在对唐代金银器的论著中，以韩伟先生的《海内外唐代金银器萃编》和齐东方先生的《唐代金银器研究》最为深入，他们从考古学角度对器物形制、纹样、分期等方面进行了翔实的介绍和论述。本书尝试在前辈学者研究的基础之上，从设计学的角度来进一步探讨唐代金银器。一方面，尽可能地规避对器物进行简单化的介绍，特别是重复的、缺少新意的赘述；另一方面，尽量找到唐代金银器造物活动的基本规律，从“道”与“器”两方面探讨器物成形的方法以及其内在的设计规律，展开论述。例如器物长、宽、高之间的比例关系；器物造型结构与形态的关系；鎏金工艺产生的金银两色之间的色彩关系；金银带把杯中杯把的造型涉及实用性与审美性的关系；舞马衔杯皮囊银壶的壶嘴结构设计；多曲器物分曲的目的和意义；镂空纹样的装饰性与实用性的完美结合等。

从《考工记・玉人》中我们可以知道“谷圭七寸，天子以聘女。镇圭尺有二寸，天子守之。命圭九寸，谓之桓圭，公守之。命圭七寸，谓之信圭，侯守之”[1]，也就是说我国传统设计制作器物的形态、大小、尺寸、材质以及器物的作用、功能和使用场合都有明确规定。同时，传统的造物活动、设计理念还要受到礼制、习俗、等级伦理观念的规定和制约。器物的社会属性以及制作器物所使用材料的自然属性往往被人格化，例如形容君子性格应“温润如玉”，可贵而有价值的劝告或教诲为“金玉良言”。相较于当代设计，常以市场、流行趋势进行预设计与制作，特别是大工业生产，就会出现货物库存、过量的问题。诸多奢侈品牌以“种草”[2]的方式进行推广销售，通过市场营销、明星代言、广告宣传的方式来推动消费。两者所处设计背景有着本质的差异，因而，设计师在学习传统文化的同时，也要关注市场。

对唐代首饰、金银器的探讨和研究，首先，侧重于其造物观所关注的人与器用之间的关系，也就是说器物的造型形态以及所使用的材料、色彩、数量等是使用者与社会关系的折射。“以人为本，天道合一”的传统造物美学价值观充满了人文情怀，使器物在器用过程中实现“善”与“美”的结合以及实现人与自然和谐共存。其次，则是对道与器造物观的探讨，尽管我们的传统“重道轻器”，但“一个民族或国家，在长时间的共同发展和演绎之中，形成了共同的语言，共同的文字，共同的生活方式，共同的习俗，共同的长期生存空间，共同的神灵信仰，共

[1] 张道一. 考工记注译［M］. 西安：陕西人民美术出版社，2004：238.
[2] “种草”一词为网络流行语，指分享推荐某一商品的优秀品质，以激发他人购买欲望的行为。

同的价值理念，等等。”[1]这样的造物观通过首饰、金银器的使用和佩戴来呈现，以实质的器物传递着我们民族和区域文化的价值观，即我们所重的“道”，换句话说，我们所轻的“器”并不是器物本身，而是制造器物的匠人以及器物制造的过程和行业，“士农工商”的社会性行业排序就是对其最好的注解。

道器之争在上古遗书《易经》中便已阐释过，“形而上者谓之道，形而下者谓之器”。“道”是万物运行的总法则、总规律，那么唐代首饰和金银器的造物活动如何来呈现这一精神层面的、看不见摸不着的“道”呢？还是需要通过实质的器物，也就是佩戴的首饰或使用的金银器来传递这个“道”。“道”涵盖着器物的设计观，佩戴或使用器物的社会价值观，以及首饰、金银器这些具体器物所承载的伦理道德、文化内涵、地域文化及其所涵盖的乡俗民约等。具体而言，就是由礼部颁布给不同阶层的人员所能使用器物的等级、数量、色彩、纹样及材质等，先绘制好“粉本”，后由从事造物生产活动的工匠按照“粉本”所设计的器形、纹样、色彩将实物制作出来，在造物过程中以有形之“器”将无形之“道”呈现出来。在传统造物观中，我们在强调器物的社会属性时，也十分注重器物造型、色彩、装饰纹样所承载的审美观，同时要求“物以致用”，即设计造物时要注重实用功能，强调设计中的功能性和实用性。简言之，“道”与“器”合一，“道”与“器”同，以“器”载“道”。

将何家村出土的狩猎纹高足银杯与1963年在陕西省西安市沙坡村窖藏出土的狩猎纹高足银杯，以及窦皦墓出土的玉带銙与何家村出土的十条玉带銙比对而言，均将技术与艺术完美地结合，可谓“技近乎于艺”“器与道同”，是唐代首饰和金银器前无古人、后无来者的代表之作，它们既有趋同性，又存在个体差异的不同性。

每一件出土的和传承有序的唐代首饰、金银器都是其物质文明的直接呈现，更是社会生活、文化价值观、造物观的折射和投影，是唐代对“道”与“器”的阐释。

第二节　唐代金银器的类别

人类造物的本源从人类自我意识觉醒的那一刻起，实用性和审美性的原始设计观便如孪生兄弟般同步出现。在原始人类将石头加以敲击或碰击，制作石器的时候，随之而生的就是玉石加工工艺的发端，将小块美石佩戴在身上作为装饰物，或将狩猎过程中所获得的虎牙兽骨自然而然地佩戴在身上，原始首饰的雏形便已产生。但人类开始使用金

[1] 孙皓晖．国家时代［M］．上海：上海人民出版社，2020：32.

银作为装饰材料进行造物活动的时候，设计或造物过程中以人为设计的中心和尺度，关注造物者和使用者的关系、物与人的关系的造物理念便相应而生，因为从黄金出现的那一刻起，它已经成为人类社会活动中财富和地位的象征。正如马克思在《政治经济学批判》中说道："金银天然不是货币，但货币天然是金银。"金银的造物活动除本能关注实用性和审美性之外，还需关注其所体现的佩戴者、使用者的社会属性，如地位和阶层的象征。《唐律疏议》中《杂律》舍宅舆服器物条："器物者，一品以下，食器不得用纯金、纯玉。"[1]尽管在唐代，对金银器的使用所代表的品级、阶层，皇室和贵族的执行律条不是十分严格，特别是安史之乱后，品级、阶层在各藩镇多有僭越，但由于金银材质自身具有的很高的财富价值属性，其混乱与僭越现象还是对贵族内部范畴而言的，这也导致了诸多金银器往往作为陈设、摆件存在着，实用性被削弱，审美性被凸显和强化。金银、玉石材料作为唐代首饰、金银器制作的主要材料，其特定的质感、色泽、肌理是构成器物设计形式美的第一要素，引发人们不同的视觉或触觉感应，从而产生不同的审美感受。

唐代金银器可以依据器形、纹样、制作工艺等多个角度和方法进行分类，因齐东方先生在《唐代金银器研究》一书中对其做了翔实的分类，本书以齐东方先生的分类为依据，按照器物的用途将唐代金银器分为一般生活用器和礼器类两大类，对每种类别的器物只做简要的介绍，重点以设计学的视角，以一到两个典型器物为例，从器物形态的美感以及构成形态的点、线、面、体以及形与形之间产生的空间、肌理、色彩等角度进行探讨；从形式美法则（统一与变化，也称为统一与多样，对比与调和、节奏与韵律及黄金分割率）分析、探讨唐代金银器的审美性和实用性，从中发掘器物设计观及造物理念。

一、日常生活用器

唐代金银器中的日常生活用器主要体现"人"的尺度，即器物的实用功能性，或者说是物质性尺度，与我国传统设计观、造物观中"天人合一""尊俗重礼""重己役物"的核心器用性设计思想是一致的。从器用性造物观派生出器物功能性、实用性、人文性、审美性、地域性等属性，以及造物者和使用者共同形成的礼制、民俗、阶层等成为传统造物活动所需遵循的依据，其实用性或功能性是居首位的。

日常生活用器根据使用功能分为：食用器，如锅、碗、瓢、盆、盘、杯、碟、筷子（箸）等；酒器，如酒壶（舞马衔杯皮囊银壶、鸡头壶）、酒杯（双耳杯、高足杯）、储酒器、酒筹等；茶具，如茶托、茶碾子、茶罗、茶笼子等；其他类，如药具、盥洗器等。

（一）食用器

以唐代金银器中出土数量最多的器类

[1] 长孙无忌. 唐律疏议：卷二十六［M］. 上海：上海古籍出版社，2013：417.

之一金银碗——何家村鸳鸯莲瓣纹金碗为例（图3-1），金碗共出土两件，一件高5.5厘米，口径13.7厘米；另一件高5.6厘米，口径13.5厘米，两个金碗器身高度与碗口直径的比值分别为5.5 ÷ 13.7=0.40，5.6 ÷ 13.5=0.41，与我国传统美学理论的四六律完全契合，四六律、三七律构图布局的数字美学近似于古希腊毕达哥拉斯提出的黄金分割率。

鸳鸯莲瓣纹金碗，王雨含手绘

鸳鸯莲瓣纹金碗碗底内侧纹样，李晓彤手绘

图3-1 （唐）鸳鸯莲瓣纹金碗，何家村窖藏出土，陕西历史博物馆藏

唐代金银碗在注重整体形态数字美学的同时，采用錾刻和捶揲工艺制作器物的纹样，通过刻阴线与錾阳线的錾刻手法，形成内凹外凸的效果，在金碗腹部錾出上下两层半仰莲瓣，每层十瓣，中间的视觉主体层錾刻有散点式布局的花草及鸳鸯、野鸭、鹦鹉、狐狸等动物纹，下层则为忍冬纹。金碗沿口处錾刻半莲纹，半莲纹内交错錾刻飞禽和云纹，碗内底中心錾刻一朵五层花瓣忍冬式团花，团花采用“米字”骨骼作为绝对对称轴，每层花瓣呈“米”字形骨骼错位旋转，由内而外的錾刻六瓣桃花、云纹、莲瓣纹。以碗底团花纹为中心，金碗外壁的纹样呈绝对对称式展开，金碗外壁底纹通体饰满鱼子纹，通过细密的鱼子纹将碗的外壁纹样串联成一个整体。绝对对称纹样的美学特征呈现出规矩、严谨、端庄的视觉效果，而每一曲内不同运动状态的动物纹样使整体纹样丰富多变，打破了呆板、不活泼的视觉感受。

作为实用器的金碗满饰錾刻的动物纹、植物纹、鱼子纹，满足了精神性和审美性的需要，其实用功能被消减，使它的审美性超过了实用性，并且装饰的纹样更加贴近人们的生活，这也从一方面反映出碗作为一种唐代的实用器，装饰题材也越来越生活化，反映出唐代审美的世俗化和人文化。这两件金碗是截至目前考古发掘的器物中最富丽堂皇的金碗，与大唐盛世繁荣、奢华、富丽的审美风格特征契合。

（二）酒器

日常生活用器中的酒器是世俗化生活的代表。我国的饮酒历史源远流长，形成了多种饮酒习俗，如祭祀、节日、婚嫁、生育、开业、乔迁新居及日常宴席等不同场景下的饮酒风俗。青铜器中的五爵是夏末商初就开始出现的饮酒器，到了唐代，受外来文化的影响，高足杯、带把银杯、兽首玛瑙杯、皮囊壶等饮酒器大量出现，其中绝大部分替代了我国原有的饮酒器。外来文化的传播让造物活动有了新的视角。如果说神农氏制造用于挖土播种的耒耜，是我国早期人类活动独立创造制作的生产工具，是内驱力的创造设计；那么，高足杯、带把银杯则是在外驱力推动下设计而成的器物，并且替代了传统五爵饮酒器。在唐代便已出现使用玻璃或陶瓷制作与金银器相同器形的酒器，直到今天这一制作方式仍然被大量使用。

酒器形制的巨大改变在唐代已经完成，但历史悠久的饮酒文化依然被传承。其中典型的酒器代表有1982年江苏省镇江市丁卯桥窖藏出土的龟负论语玉烛酒令筹筒（图3–2），这件鎏金银器筹筒内有50枚錾刻论语令辞用于行酒令的银筹，以《论语》语句作为令辞自然是传统的儒家文化在饮酒过程中的世俗化表现，儒家文化本就是一种入世的文化。以龟为座，龟是吉祥四灵之一，象征长寿，唐代人把龟视为祥瑞之物，以龟负玉烛为造型，符合唐代人的造物思想意识和社会习俗中的吉祥观。该酒令筹筒深22厘米，总高34.2厘米，筒深与总高度的比例为22 ÷ 34.2=0.64，在数字美学上也是符合黄金分割率的。唐代金银器造物过程之中，在满足实用功能的同时，十分注重器物所承载的伦理观、价值观，并将其潜移默化地融入设计美学的观念，注重器物形态的对称性、内在的数字美学等。

龟负论语玉烛酒令筹筒

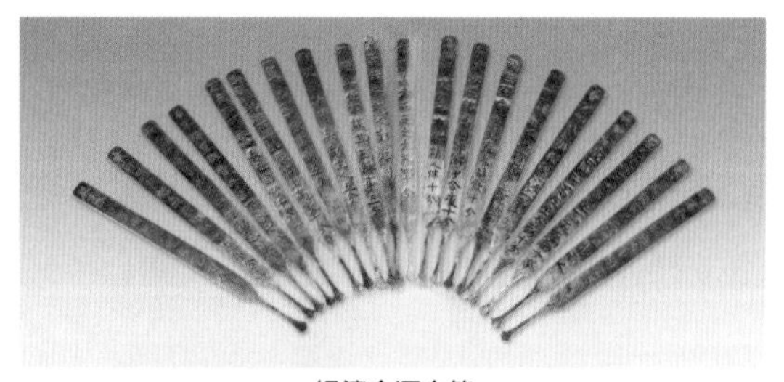

银鎏金酒令筹

图3–2 （唐）龟负论语玉烛酒令筹筒，江苏镇江丁卯桥窖藏出土，镇江博物馆藏
图片来源：镇江博物馆，《镇江出土金银器》，文物出版社，2012年，第16、20、21页。

从酒器的造物活动我们可以得出结论，唐代金银器的造物活动可以是内驱力的独立创造设计或完全借鉴外来文化的设计与制作，也可以是本土文化与外来文化融合之下的设计。

二、礼器

唐代金银器作为礼器的器物主要有熏香器、明器（棺椁、宝函）、法器（法门寺锡杖、佛塔）等。礼器是通过满足一个群体的精神生活需求来实现其价值的，是一种象征性、非功用性的器物。

这类器物的设计观、造物观受到宗教的仪式仪轨，以及民风民俗如生老病死丧葬习俗的影响和限定，其精神性需求是居首位的。诸多器物的造型、纹样、色彩、尺寸、数量都是依照仪式仪轨的要求来设计制作的，造物者首先要遵循约定俗成的规范来制作，进行传承，进行以沿袭为主的造物活动；而造物者的创造性发挥则居于次要地位。

礼器不以实用性为核心要求，其审美性就更加纯粹。以唐代金龙为例，何家村窖藏出土的12条小金龙可能是唐代道教投龙仪式中所用的法器（图3–3），高度分别在2.1~2.7厘米，长度分别在4.1~4.3厘米，高与长的比例为2.7 ÷ 4.3=0.63；出土于大明宫遗址，现藏于西安博物院的鎏金走龙高10.8厘米，长18厘米，高与长的比例为10.8 ÷ 18=0.6，在数理尺度上同样是符合黄金分割率的。这些龙的形态遒劲有力，线条流畅。

焚香、沐浴、更衣作为重大祭祀仪式时的一套礼仪，使用的器物如银炉、香囊等必然要符合相应仪式仪轨的要求，其造物活动就需要从仪制、熏香的功能以及审美等角度来进行。以形制相似的何家村出土的五足银炉（图3-4）和法门寺出土的五足银炉为例，银炉炉盖及炉身都镂空成如意云纹，镂空纹样既是一种装饰，同时也在使用时保持香料燃烧，使香味散发出来，炉盖盖钮为含苞待放的莲花，莲花和如意云纹寓意万事顺利、吉祥如意。

图3-3 （唐）小金龙，何家村窖藏出土，陕西历史博物馆藏，李晓月手绘

图3-4 （唐）五足银炉，何家村窖藏出土，陕西历史博物馆藏，张文静手绘

第三节 20世纪唐代金银器的三大考古发现

20世纪唐代金银器的三大考古发现分别为何家村遗宝、法门寺地宫珍宝和镇江丁卯桥窖藏。目前多数学者侧重对其介绍性的研究，而横向的比对研究，特别是每处遗迹的独特历史价值、审美价值背后折射出的造物理念所产生的影响往往缺失，语焉不详。

一、何家村遗宝

（一）器物种类

何家村出土金银饰器共计271件，涵盖的种类有饮食器、药具、盥洗器、熏香器、发钗、臂钏、玉带銙等，种类繁多、形制多样。

（二）制作工艺

何家村遗宝几乎涵盖了唐代首饰、金银器的全部制作工艺，且代表了唐代工艺制作的最高水平，出土的器物都可谓是精品，尤为值得注意的是出土的十条玉带銙，有加工完成的，也有未完成的，都处于不同的工艺阶段，更白玉带銙就处于只将玉石简单切割的阶段（图3-5）。与其同时出土的两件鎏金银盒只是简单地錾刻了较浅的线条，处于錾刻的起形阶段，尚未深入塑形，虽然只錾刻了初步形态，但也能看出手工艺人精湛的技艺。

以何家村窖藏出土未完成的飞廉纹鎏金银盒为例（图3-6），我们还能看出，当时的手工艺人已经使用简单车床（图3-7）对材料进行切割、打磨、抛光。根据玉石加工中使用水凳子的简单机械加工的方式来推测，在首饰、金银器的材料及器物的加工过程之中，使用了手持或近似水凳子的加工工具。通过手持工具，可以分解、切割玉石，对材料进行表面抛光、打孔等半机械式的加工。我们可以从今天尚存的手工艺工具大体反推出唐代的首饰、金银器加工工具。在盘、盒、碗等器物上，都有明显的切削加工痕迹，起刀和落刀点显著，刀口跳动亦历历可见，小金盘的螺纹同心度很强，纹路细密，盒的子扣系锥面加工，子母扣接触密闭，很少有物件轴心摆动的情况，证明当时切削加工工艺已趋成熟。

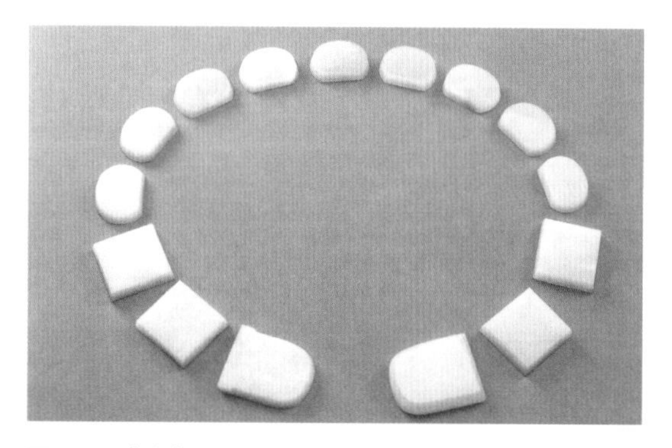

图3-5 （唐）更白玉带銙，何家村窖藏出土，陕西历史博物馆藏
图片来源：齐东方，申秦雁，《花舞大唐春》，文物出版社，2003年，第211页。

（三）加工材料

何家村窖藏出土的首饰、金银器加工材料有银铤、金箔、玉石、宝石及银渣块等。

飞廉纹鎏金银盒（正面）

飞廉纹鎏金银盒（正面线稿）

飞廉纹鎏金银盒（底面）

飞廉纹鎏金银盒（底面线稿）

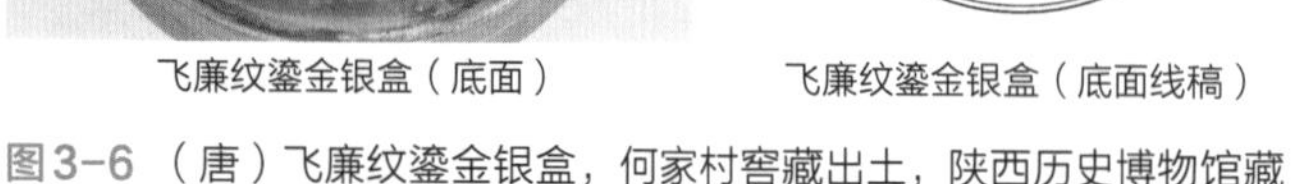

图3-6 （唐）飞廉纹鎏金银盒，何家村窖藏出土，陕西历史博物馆藏
图片来源：齐东方，申秦雁，《花舞大唐春》，文物出版社，2003年，第128页。

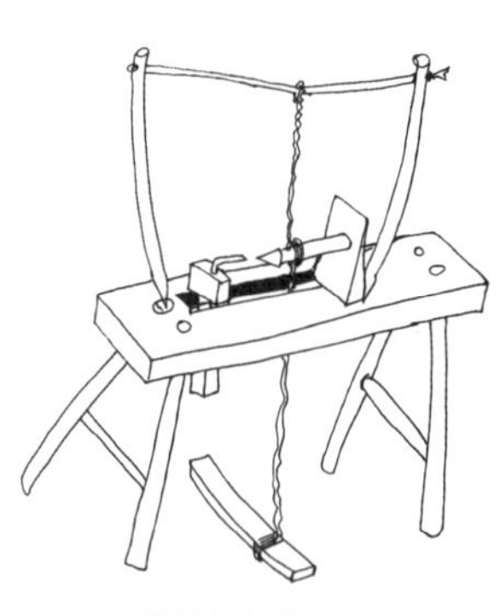

简单车床（脚踏式）

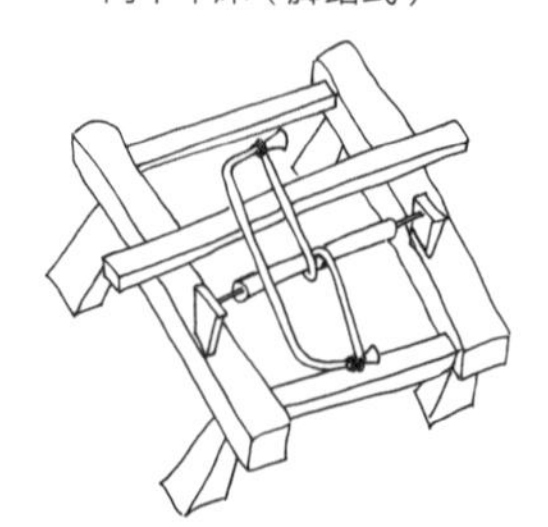

简单车床（手握式）

图3-7 简单车床，段丙文手绘

银渣块的出现证实了“灰吹法”在金属冶炼中的使用。由于铅和银相互融合，而且熔点较低，所以古代炼银时加入铅，使银溶于铅中，实现银的富集，然后吹入空气，使铅氧化，放入炉灰中，使银分离出来。在我国古代典籍中，对这种银铅分离的炼银法以明代宋应星的著作《天工开物》记载最为翔实，“其炉土筑巨墩，高五尺许，底铺瓷屑、炭灰，每炉受礁砂二石。用栗木炭二百斤，周道丛架。靠炉砌砖墙一垛，高阔皆丈余。风箱安置墙背。合两三人力，带拽透管通风。用墙以抵炎热，鼓鞲之人方克安身。炭尽之时，以长铁叉添入。风火力到，礁砂熔化成团。此时银隐铅中，尚未出脱，计礁砂二石烙出团约重百斤。冷定取出，另入分金炉（一名虾蟆炉）内，用松木炭匝围，透一门以辨火色。其炉或施风箱，或使交箑。火热功到，铅沉下为底子（其底已成陀僧样，别入炉炼，又成扁担铅）。频以柳枝从门隙入内燃照，铅气净尽，则世宝凝然成象矣。此初出银，亦名生银。倾定无丝纹，即再经一火，当中止现一点圆星，滇人名日茶经。逮后入铜少许，重以铅力熔化，然后入槽成丝（丝必倾槽而现，以四国匡住，宝气不横溢走散）。其楚雄所出又异，彼硐砂铅气甚少，向诸郡购铅佐炼。每礁百斤，先坐铅二百斤于炉内，然后煽炼成团。其再入虾蟆炉沉铅结银，则同法也。此世宝所生，更无别出。方书、本草，无端安想妄注，可厌之甚”[1]。银铤是一种加工材料的存储方式，而非货币。何家村窖藏出土的银铤与丁卯桥出土的具有相似性，这说明银铤作为一种加工材料广泛存在并被使用。同时，大量优质银器的出现也表明当时冶银技术的进步。

瑟瑟宝石（图3-8）以及唐代玉石的原材料源自本土和进口材料。也就是说，唐代首饰、金银器的加工材料产地并不是单一的。从原材料到切割好的宝石，各类首饰、金银器加工材料同时出现在一个窖藏之中，能够佐证唐代或者说至少在当时的长安，能够在同一时空完成首饰、金银器的加工与制作，已形成了一个全产业链。

图3-8 （唐）瑟瑟宝石，何家村窖藏出土，陕西历史博物馆藏

二、法门寺地宫珍宝

法门寺地宫出土的首饰、金银器共计121件，同时出土的还有《法门寺物账》即《大唐咸通启送歧阳真身志文》（简称《志文碑》）与《应从重真寺随真身供养道具及恩赐金银器物宝函等并新赐到金银宝气衣物账》碑（简称《物账碑》，公元874年镌刻）（图3-9）两通碑石。这两块碑文上的记录与出土的121件首饰、金银器在重量、器形、纹样等方面几乎能够一一对应，并且记录了多种唐代制作工艺的名称。因法门寺考古发掘的可确定性，加上文字记录与器物的匹配性，可以与日本东大寺传承有序的器物之间

[1] 宋应星，天工开物［M］成都：四川美术出版社，2018：173.

《物账碑》整体

《物账碑》局部

图3-9 （唐）《物账碑》，法门寺地宫出土，法门寺博物馆藏
图片来源：齐东方，《唐代金银器研究》，中国社会科学出版社，1999年，第13页。

形成两条器物标准的参考体系，以此为参照来确定或命名其他地方考古发掘的唐代首饰、金银器的制作工艺、器物名称等。《物账碑》也成为了研究各类器物的坐标，成为其他器物横向比对研究的一把参考尺子，也是研究唐代金银器的珍贵文字资料，具有重要价值和意义。

三、镇江丁卯桥窖藏

就目前的考古发掘而言，1982年江苏省镇江市丁卯桥窖藏出土的唐代银器共计956件，其中银钗共计760支。这是唐代首饰、金银器出土规模最大的一次考古发现，但该窖藏出土器物器型较为单一、纹样简单，制作工艺不及何家村和法门寺地宫出土的器物精湛，仅有鎏金龟负论语玉烛酒令筹筒被世人熟知，制作工艺精美，装饰纹样华丽，与北方官作器物近似，是奢华之器的代表。研究者往往只重视研究唐代器物的奢华之风，以此反复去印证盛唐的繁华与瑰丽，而却忽视了更加贴近世俗化现实生活的器物，比如丁卯桥窖藏的器物就是研究探讨唐代百姓生活的更好案例。站在史学的角度而言，现在的我们相对容易考证唐代宫廷贵族所佩戴的首饰、金银器的实物及图文资料，而普通百姓的日常生活器物因材质不及金银能够长期保存，大多数已在历史的长河之中烟消云散。一部首饰、金银器的发展史，不是仅仅由贵族、宫廷谱写的，普通百姓同样会佩戴首饰，正是因为镇江丁卯桥出土的760支形制、纹样近似的银钗，从中可以明确地知道，该窖藏器物是相对世俗化、大众化的，如果我们将何家村遗宝和法门寺地宫珍宝作为研究唐代上层社会生活日常的依据，则可以把丁卯桥窖藏作为研究中下阶层人群生活日常的依据，这对于建立一个立体的，涵盖多层次、多维度唐代人群的首饰佩戴框架更加具有研究意义和价值。从大历史观来看，尽管我们还不能说丁卯桥窖藏的760件银钗就是大众百姓日常佩戴的首饰，但我们至少可以说这些银钗象征着从宫廷贵族到普通百姓之间的过渡阶层，普通百姓日常佩戴的首饰更接近于丁卯桥窖藏的银钗。我们的服饰佩戴史不应也不能只是一部宫廷史，我们还应更多地将目光投向对大众的研究，这对我们今天的时尚文化更加具有参考价值。今天的首饰设计更多的是为大众服务的，不是为极少数穷奢极欲的人进行创作设计的。从这个角度来说，目前对丁卯桥窖藏研究的深度和广度还远远不够。

丁卯桥窖藏印证了唐代首饰、金银器从官作到行作，趋向世俗化的原因有如下两点：其一，如此“不知名”（不知名是指镇江丁卯桥未曾在唐代的文献记录里因制作首饰、金银器明确提及过，不是指今天不知名）的一处窖藏中，能够出土如此多的银器，足以说明该地区拥有较大规模的作坊来制作生产该类金银器物，或有较多人群使用该类器物，因为根据唐律关于不同阶层佩戴发钗的数量、器形、材质的规定，760件形制、纹样、制作工艺近似的银钗必然不是为个别人使用的，而是为一个较大的群体使用，并且镇江丁卯桥的银钗形制能够与敦煌莫高窟中晚唐壁画中的人物佩戴的首饰形制近似，这也从另一个侧面说明该窖藏的器物是中晚唐流行的形制，符合当时人们的佩戴审美习惯；其二，这760件银钗正是因为其器形相对简单，而减少了制作工艺的难度，也减少了制作的时长，节约了制作成本，这与为宫廷服务不计成本的造物观是不同的，简素的、低成本的器物所服务的对象是低于宫廷贵族但有一定社会地位的人群，而这个人群的数量相对庞大，这正是唐代首饰、金银器由官作逐步转向行作，趋向世俗化的具体表现。

第四节　唐代金银器的审美特征

本节将从器物的造型特征、装饰特征、结构特征、功能特征四个方面来阐述唐代金银器的审美特征。

一、金银器的造型特征

唐代金银器种类和造型丰富，而且每种器物又包含多种造型，大多圆浑饱满。受外来文化的影响，唐代金银器的器形还大量借鉴学习了古波斯、古罗马地区的器物造型，典型如高足杯、皮囊壶、多曲长杯等，丰富了我国传统器形样式，高足杯的形制也传承至今，融入中国酒文化中。

以何家村出土的鹦鹉纹提梁银罐为例（图3-10），器形圆浑饱满，纹样錾刻精美，鎏金团花纹富丽堂皇，器形左右对称，造型严谨。该银罐罐盖顶部中心錾刻宝相团花纹，盖面周围錾刻卷草纹，底面饰满鱼子纹。绝对对称是永恒的形式美法则，银罐的罐盖从器形到纹样都采用了绝对对称的形式，以宝相花的中心点为对称中心点，是呈现出绝对平衡美、对称美的视觉感受，给人以整齐、稳重、端庄、和谐、严谨的视觉美感。这与唐代的造物观、审美观、价值观相

鹦鹉纹提梁银罐

鹦鹉纹提梁银罐罐盖

图3-10 （唐）鹦鹉纹提梁银罐，何家村窖藏出土，陕西历史博物馆藏
图片来源：齐东方，申秦雁，《花舞大唐春》，文物出版社，2003年，第271页。

吻合，是一件实用性与艺术性完美结合的器物。

二、金银器的装饰特征

从造型艺术装饰特征的视角来看，唐代金银器纹饰精美、线条流畅、色彩奢华、富丽堂皇的特点，以及独具特色的分割线装饰等，都呈现出唐代特有的审美特征。

（一）纹样

通常按照图案组织形式将纹样分为单独纹样、二方连续及四方连续纹样。唐代金银器纹样装饰形式多样，在此着重从徽章式纹样、成双成对的纹样及叙事性图像（纹样的叙事性）三个最具特色的方面进行分析。

1. 徽章式纹样

徽章式纹样是指在联珠纹内錾刻动物或人物形象为主的单独纹样，是萨珊纹样装饰中最为流行的样式，唐代金银器纹样大量汲取了这种装饰风格。典型如何家村窖藏出土的双狮纹金铛（图3-11），首尾相接的两只狮子纹样装饰在金铛内底，与联珠纹组合成徽章式纹样。

2. 成双成对的纹样

在唐代金银器中大量出现的纹样装饰以成双成对的动物纹样的器物，如喀喇沁摩羯纹葵花形银盘、丁卯桥双鸾纹海棠形银盘、何家村双狐纹双桃形银盘等。以现收藏于陕西历史博物馆的何家村双狐纹双桃形银盘为例（图3-12），器物整体造型为相连的双桃，在银盘底部两桃心处采用錾刻、捶揲、鎏金工艺制作出两只相向而行的狐狸，互为顾盼之像，这样的整体造型以及纹样装饰手法，其造物观、设计理念都是中国传统的“双双两两”“祈福益寿”的民族审美观、价值观的具体体现。器形形态、纹样的设计与制作应与一个民族或地区人民的共同审美观与价值观相适应，尽管今天的人们越来越强调个性化，凸显个体需求在设计中的重要性，但个体是很难完全摆脱公共文化属性的，特别是福祸观，它是一个群体长期以来沉淀而成

图3-11 （唐）双狮纹金铛，何家村窖藏出土，陕西历史博物馆藏
图片来源：冀东山，《神韵与辉煌——陕西历史博物馆国宝鉴赏》金银器卷，三秦出版社，2006年，第114页。

图3-12 （唐）双狐纹双桃形银盘，何家村窖藏出土，陕西历史博物馆藏，张文静手绘

图3-13 （唐）鎏金仕女狩猎纹八曲银杯，何家村窖藏出土，陕西历史博物馆藏
图片来源：齐东方，申秦雁，《花舞大唐春》，文物出版社，2003年，第67页。

的共同价值观，而这一价值观反过来会影响造物活动。

3. 叙事性图像

简单地说，叙事性图像就是用图像语言叙述故事，用图像内容描述情节变化，观看叙事性图像就好像在看一个进行中的故事一样。

以收藏于陕西历史博物馆的何家村鎏金仕女狩猎纹八曲银杯为例（图3-13），在高为5.5厘米，口径为9.2厘米的杯体外壁的八瓣内，分别装饰有故事情节不同的四幅仕女图和四幅狩猎图，并且仕女图与狩猎图交错出现。其中四幅狩猎图中的纹饰形象与目前出土的唐代多件高足杯，如北京大学收藏的狩猎纹筒腹银高足杯、何家村出土的狩猎纹银高足杯中出现的人物纹、动物纹、植物纹的形体近似，甚至纹饰的构图布局、纹饰所处的位置都几乎相同，描述的核心主体故事都是策马追鹿、弯弓射猎。由此可以推测出这些器物所使用的粉本类似，应是由匠作监统一绘制，由不同的工匠制作而成，甚至有可能是相同的匠人或匠人群体制作而成。

四幅仕女图描述的是仕女在花园中游乐的故事，从第一幅图中两个仕女一前一后出场到第二幅仕女观看儿童扑蝶图，以及第三幅仕女执扇图和第四幅仕女奏乐图，描述了唐代女性世俗化、生活化的现实场景。仕女着唐代流行的齐胸襦裙，狩猎者穿圆领长袍，女性的高髻及男性的幞头也都是典型的唐代服饰形态。

狩猎图与仕女图以屏风画似的方式呈现出来，形成动与静的对比关系，交错出现的方式又使每一幅画面形成一个相对独立的故事，而将狩猎图或仕女图各自串联在一起，又形成两个完整的故事情节。叙事故事以分镜头、分场景的图像语言表达出时空场景既分割又有内在联结的视觉效果，犹如蒙太奇式的混剪方式穿插描述唐代男性和女性的现实生活场景，画面从构图布局到场景设置都具有极强的电影叙事表现力，将时间、空间以及故事发展情节都“一帧一帧”地、动静交错地娓娓道来。

（二）分割线装饰

唐代金银器中的分割线装饰最具代表性的有分曲分割、缠枝纹S形线分割等。

以多曲分割为例，分曲除了可以将纹样分割，形成独立的单位形态元素，也可以加大器物的牢度，金银材质具有延展性强、可塑性好的特点，在制作工艺上可以利用这一材料属性，选择捶揲工艺，在相同重量单位里通过捶揲使金银板材变薄，制作出体量更大的器物，以满足人们对金银材料的消费需要。但由于器壁变薄、硬度变小，容易使器物出现变形，而每一曲隐含的分割线都能起到加固作用，成为器物的筋骨，将金银板材的整体张力分解在每一曲之中，使多曲器物不易变形，符合力学原理。同时，每一曲的分割线起到了装饰作用，增加了器物的审美性，成为器物造型的语言和手段，如法门寺出土的鎏金仰莲瓣荷叶圈足银碗、鎏金鸳鸯纹大银盆（图3-14）以及白鹤缠枝纹银长杯等都是多曲造型器物的典型案例。为不使鎏金鸳鸯纹大银盆变形，采用四曲分割、腹壁下收的造型方式消解了6265克重、高14.5

鎏金鸳鸯纹大银盆（正视图）

鎏金鸳鸯纹大银盆（俯视图）

图3-14 （唐）鎏金鸳鸯纹大银盆，法门寺窖藏出土，法门寺博物馆藏
图片来源：张廷皓，《法门寺画册》，中国陕西旅游出版社，1990年，第110页。

厘米、口径46厘米器物器壁的厚度与器物自重产生的表面牵引张力，同时，每一曲的分割使银盆内外重复錾刻的8对鸳鸯纹形成相对完整、独立的画面。

（三）色彩装饰

唐代首饰、金银器所使用的色彩相对较少，主要是主体材料金银及宝石的色彩变化，以及通过制作工艺产生的色彩变化。

以金银香囊局部采用的鎏金工艺为例，银质的白色与鎏金的黄色形成鲜明的色彩对比，在变化中又十分统一，对比而不失调和。鎏金工艺与錾刻的团花纹纹样，因色彩的对比，使鎏金团花纹成为器物的视觉中心，并起到装饰主体的作用。

（四）工艺装饰

唐代首饰、金银器采用的诸多制作工艺既是成形技法，也是器物的装饰手法。例如錾刻线条的粗细、长短、深浅、流畅与滞涩等的变化，镂空工艺产生的虚实关系，鎏金工艺形成的金银色彩变化以及采用鎏金工艺形成的主体纹样与底纹的对比关系，这些都是通过工艺手法的变化使器物具有美感，工艺技法与装饰的审美紧密相关。

三、金银器的结构特征

金银器的结构包括整体形态结构、局部结构和连接方式。金银器的结构设计是将点、线、面、体块等形态元素进行组合的过程，结构设计既要满足器物形态应具有的使用功能，着重关注金银材料的特性以及制作过程中需遵循的力学原理等自然法则，同时还要将审美性与功能性并置。结构设计与器物形态紧密相连，由结构设计给人们带来的审美感受即为金银器的结构美。

以葡萄花鸟纹银香囊的结构设计为例（图3–15），器物的外形都为镂空球形体，球体由上、下两半球组成（图3–16）。在制作过程中，先将金银板材用圆形窝凿锤打成半球体，然后根据设计图案将纹样镂空，香囊下半球体内安装两层双轴相连的同心圆机环，大的机环与外层球壁相连，小的机环与半球形香盂连接，通过连接轴将香囊内外三层组合在一起，中间两个圆环起到调节的作用，同时将香囊上半球体铆接铰链，最后在一侧用活页将上下两个半球体连接，另一侧以勾环相连，以便开合香囊，在香盂内添加香料。其结构设计的精妙之处在于香囊一直处于合理的晃动、摇摆范围内，通过两个平衡环转

图3–15 （唐）葡萄花鸟纹银香囊，何家村窖藏出土，陕西历史博物馆藏，郭雨萌手绘

图3-16　葡萄花鸟纹银香囊内部结构
图片来源：冀东山，《神韵与辉煌——陕西历史博物馆国宝鉴赏》金银器卷，三秦出版社，2006年，第146页。

动调节，始终使香盂的重心与地面保持垂直，从而保障香盂内的香料持续燃烧，且不会倾洒出来。香囊的整体圆球形态外观及内部圆环形态结构设计，受香盂重心始终需要保持垂直，稳定的物理学、力学因素决定，也就是说香囊的功能决定了它的外观形态，同时，将平衡仪结构设计与熏香的实用功能完美结合。结构美是金银器形态美的基础，也是金银器细节美的体现。金银香囊的结构设计是唐代首饰、金银器中结构美学的典范。

四、金银器的功能特征

（一）实用功能

实用功能是指器物物质层面上的能用且好用，具有很强的功能性。唐代金银器是实用性与审美性融为一体的传统造物观的典型代表，如法门寺地宫出土的鎏金镂孔鸿雁球路纹银笼子（图3-17）、金银丝结条笼子（图3-18）。采用镂空工艺或织金工艺制作出的孔洞，一方面能满足器物形态及装饰纹样的审美需要；另一方面能够满足茶笼储存茶

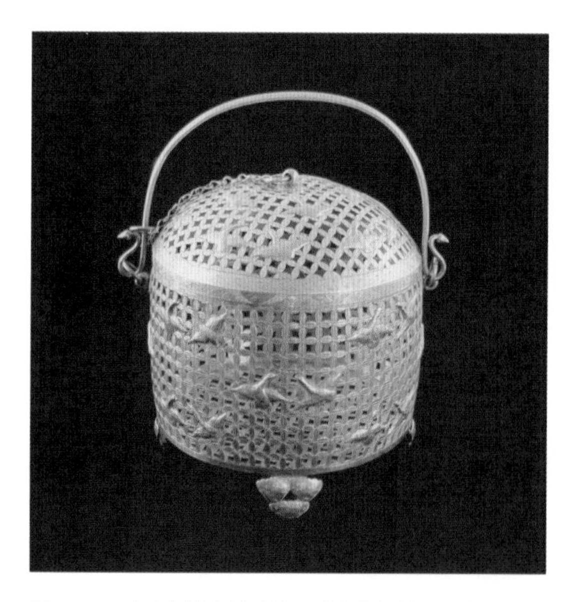

图3-17　（唐）鎏金镂孔鸿雁球路纹银笼子，法门寺地宫出土，法门寺博物馆藏
图片来源：张廷皓，《法门寺画册》，中国陕西旅游出版社，1990年，第119页。

图3-18　（唐）金银丝结条笼子，法门寺地宫出土，法门寺博物馆藏
图片来源：李新玲，《法门寺与法门寺博物馆》，长城出版社，2003年，第67页。

饼透气的实用功能需要，通过不同的工艺手法制作出实用性与审美性兼具的金银器。

（二）审美功能

在富丽堂皇、精雕细琢、华丽繁琐为主的唐代金银器制作中，还有极少数充满拙朴之美的器物，如鎏金伎乐八棱银杯（图3-19），杯身八个棱面分别刻画着乐伎、侍者和舞蹈者的形态。这八个人物纹样与同时代精雕细琢的人物纹样十分不同，人物的廓形、发髻、服装、手持乐器等都采用粗犷豪放的、写意性的手法寥寥几笔勾勒而成，粗放、拙朴的人物形态使这件银杯在众多的唐代金银器中独树一帜。

简言之，唐代金银器造型融通中外，器形圆润饱满，形制多样，纹样丰富，工艺精湛，传承了中国传统造型和装饰与实用功能相契合的设计原则，构建了传统的造物观和价值观，既强调器物实用性，也强调功能性、审美性、技术性与艺术性的高度统一。

图3-19 （唐）鎏金伎乐八棱银杯，何家村窖藏出土，陕西历史博物馆藏
图片来源：齐东方，申秦雁，《花舞大唐春》，文物出版社，2003年，第75页。

第四章

唐代首饰、金银器纹样

第一节　概述

《考工记》开宗明义记载："国有六职，百工与居一焉……知者创物，巧者述之守之，世谓之工。百工之事，皆圣人之作也。烁金以为刃，凝土以为器，作车以行陆，作舟以行水，此皆圣人之所作也。"[1]这里所说的"知者创物"就是指回归本源的设计，是新事物的缔造者。小而言之，唐代佩戴什么样的首饰、使用什么样的金银器物是由"知者"创造设计的，那么，造物者又是受何种因素影响而设计、制作出我们目前所看到的纹样呢？唐代首饰、金银器上的纹样为何出现这样的形制，而不出现其他形制？为何在中国纹样发展史上，唐代的纹样会发生巨变？发生巨变的因素是什么？在这些新出现的纹样中又是如何体现唐代289年间的造物观和设计观？这是本书希望探讨的问题。

《尚书》中将礼服的纹样进行了明确规定，帝曰："予欲观古人之象，日月星辰山龙华虫作会，宗彝藻火粉米黼黻絺绣，以五彩彰施于五色作服，汝明。"[2]这便是"十二章"作为帝王礼服纹样制定的由来，也就是说器物的形制、纹饰设计都需符合国家礼制。造物活动的"合礼合规"就是需要符合礼仪中的"六合"——"合时、合礼、合俗、合规、合身、合意"。六合在唐代首饰、金银器中的具体体现为："合时"，就是佩戴的时间、场合要合适；"合礼"，则为符合规定的礼仪；"合俗"，则指无论佩戴什么样形制、色彩、材质的首饰，都要符合群体习俗；"合规"，就是符合礼制规定的数量、纹样等；"合身"，既要符合佩戴者的身份，也要符合佩戴者的人体结构，让佩戴者感觉舒适；"合意"，就是使用者依据心意与喜好选择不同花色、纹样的首饰或器物。

笔者期望从目前考古出土器物的纹样种类、形制构图、艺术特点、制作工艺、文化特征等多角度出发，尝试着反推当时的造物者为何设计出留存至今的各式纹样，而不是其他形式的纹样，深挖器物形制、纹样、材料、工艺等所承载的文化内涵、审美风格及造物价值观。简单而言，设计（造物）就是一种设想和规划，包括创意理念、灵感来源、规划方案、制作工艺以及材料和色彩的选取等内容，是人创造新事物的过程。设计的核心是社会群体的价值观、审美习惯以及伦理道德观。从古至今，我国人民始终追求吉祥美满的生活寓意，唐代首饰、金银器上纹样的表现形式与所承载的设计观，本质上都在表达善和美的行为意志，而纹样多是起装饰作用，满足首饰佩戴者、金银器使用者纯粹的审美需要。

唐代首饰、金银器的纹样内容涉猎广

---

[1] 张道一. 考工记注译［M］. 西安：陕西人民美术出版社，2004：7.
[2] 王世舜、王翠叶，译注. 尚书［M］. 北京：中华书局，2012：43.

泛，基于不同的视角、造物观，可以将其分为不同的类别，整体而言，可以按照纹样的形态、制作纹样的工艺、纹样寓意中的吉祥纹样体系、纹样在器物中所处位置（前景是主体纹样、背景为底纹纹样）以及纹样的装饰风格特点进行分类。另外，还可以按照纹样的来源进行分类，如分为本土纹样、外来纹样及两者文化融合产生的纹样等。

在纹样分类方法中，有一个十分重要的门类，就是按照纹样的造型特征、美学法则、平面化的图形处理方法进行分类，分为单独纹样、适合纹样、角隅纹样、二方连续纹样、四方连续纹样。这一分类方法在众多学者对传统纹样的归纳总结中应用广泛，在以往的论著中记录也较为翔实，可以参阅张道一先生（南京艺术学院后调入东南大学艺术学院）的《中国图案史》、中央工艺美术学院田自秉先生的《中国纹样史》等著作。这个类别的分类法适用于纺织品、建筑、陶瓷以及唐代首饰、金银器的纹样等领域，内在核心本质没有差异，因此本书对这一分类法就不再赘述。当然，还有很多其他的分类方法，但与唐代首饰、金银器的契合度及特征性、差异性都不算典型，因此都不予以展开论述。

第二节　按照纹样的内容题材分类

一、人物纹

唐代首饰、金银器中出现了多种多样的人物纹，既有本土的人物形象，也有来自其他民族和国家的人物形象。人物纹的画面形式、题材内容及人物的外貌特征、服饰等都映射着时代风貌，体现着时代的特征。

唐代首饰、金银器的人物纹样主要包括：佛教题材的人物，如佛、菩萨、金刚、力士等；道教题材的人物；世俗化生活题材的人物，如仕女纹、狩猎纹、伎乐纹、童子纹等。尤其在中晚唐时期，藩镇割据导致中央集权的衰微，各地“草头王”兴起，由于各藩镇政治与军事都游离于中央之外，且赋税不上供中央，拥有赋税的支配权，于是打破了“武德令”的礼制，客观上促使了个人自我价值的觉醒，导致图案题材越来越趋于世俗化、生活化。在纹样题材的选用上开始关注人与自我，与商周时期“饕餮纹”“夔龙纹”等神性化的纹样发生巨大的分野，多选用现实生活中具有美好寓意的事物。例如，雍容华丽的花朵，代表作品有《簪花仕女图》，画中多位女性佩戴牡丹、芍药、荷花；鸳鸯纹，代表作品有法门寺出土的鎏金鸳鸯纹大银盆；鹦鹉纹，代表作品有何家村出土的鎏金鹦鹉纹提梁银罐；翩翩起舞的蜂蝶等昆虫类，代表作品有法门寺出土的鎏金双蜂团花纹银香囊，等等。这些纹样都是体现世俗化生活的典型作品，展现了唐代人们自由、舒展、富有情趣的现实生活。

（一）佛教人物纹

佛教人物纹主要包括天王、力士、金刚、佛、菩萨、飞天及迦陵频伽等，典型案例有法门寺鎏金45尊造像盝顶银宝函，其四壁及顶上錾刻有形态、服饰各异的佛、菩萨造像。北京故宫博物院馆藏的青玉飞天坠饰（图4-1）是儒、佛诸家思想的融合创新，飞天玉坠整体廓形采用“C”字形构图，飞天身着典型中式的襦裙，肩披飘带，采用圆雕手法塑造人物衣褶、飘带、花卉叶脉等形态。人物形态造型手法趋向写实，将飞天的造型以一种世俗化、生活化的方式进行雕刻，折射出更多对现实生活的描述和刻画，将佛教法相庄严之感融入现实生活题材中。该唐代飞天人物纹完成了本土化的融合与创新，打造了独特的中式飞天人物形象。

图4-1 （唐）青玉飞天坠饰，北京故宫博物院藏，李晓月手绘

（二）人物故事纹

人物故事纹多錾刻为身着褒衣博带、宽衫大袖的中国传统服饰的历史人物、仙人、高士、传说人物等形象，题材内容都是具有代表性的中国传统人物故事。

其中最为典型的器物就是陕西扶风县法门寺地宫出土的两件鎏金人物画银香宝子（图4-2），器物构图划分为四个形态统一的区域，每个区域的底纹及壶门廓形相同，每幅画面构图形式、内在骨骼、纹样布局的设计思路相同。由此推测，这8幅画面的背景和壶门框架的图式是同一个粉本底稿，所不同的是壶门内錾刻的中国传统人物故事，分别为仙人对饮、萧史吹箫、金蛇吐珠、伯牙抚琴、郭巨埋儿、王祥卧冰、仙人对弈以及颜回问路，器物所采用的连条屏故事叙事方式是典型的中式绘画构图形式与创作手法。在佛教器物香宝子上錾刻有魏晋风格特征的“高人逸士”人物故事图像，这进一步说明了唐代器物在造型、纹样等方面的东西方文化融合。

鎏金人物画银香宝子（整体）

鎏金人物画银香宝子（局部）

鎏金人物画银香宝子（人物故事线稿）

图4-2 （唐）鎏金人物画银香宝子，法门寺窖藏地宫出土，法门寺博物馆藏

（三）狩猎纹

狩猎纹多錾刻在高足银杯上，纹样的主体内容为狩猎的不同过程，主要有骑马持弓寻猎、拉弓射猎、抱弓射猎结束等场景，由狩猎人物、奔马、猎物、花草、树木及鱼子纹构成整幅画面，狩猎人物身着唐代流行的圆领长袍服饰，鱼子纹饰满画面。作为散点式画面串联的内在骨骼，狩猎纹是十分典型的唐代贵族生活的代表，代表器物有沙坡村狩猎纹筒腹银高足杯、何家村狩猎纹筒腹银高足杯等。

（四）伎乐纹、舞乐纹

伎乐纹、舞乐纹多为采用铸造或捶揲工艺刻画的手持各类乐器或舞蹈场景的人物纹样。典型器物如现藏于陕西历史博物馆的何家村鎏金伎乐八棱银杯（见第三章图3-19），该杯的八面分别刻画着手指弹拨、敲击或吹奏竖箜篌、曲项琵琶、排箫等乐器的乐工，人物外形整体为胡人形象，形态粗犷豪放，无精雕细琢之感。

（五）童子纹

童子纹是唐代首饰、金银器中最能体现世俗生活的纹样，画面中多錾刻儿童嬉戏、玩耍的生活场景。童子是新生命的象征，嬉戏、玩耍中的儿童寓意着欢乐、吉祥、祝福与希冀。典型案例有丁卯桥窖藏出土的童子乐舞三足银壶（图4-3），该银壶同样采用了连条屏故事叙事手法，共刻画了三组童子嬉戏的场景——第一组中两童子相对而坐，进行着“斗百草”的游戏；第二组为童子舞乐图，一幼童舞蹈，两童子演奏音乐；第三组中三童子身着成人服装杂耍。在唐代首饰设计中使用童子纹的典型案例是1977年在江苏省宜兴市出土，现收藏于镇江博物馆的人兽纹银篦，篦上刻画的童子形态可谓憨态可掬。

图4-3 （唐）童子乐舞三足银壶，丁卯桥窖藏出土，侯媛笛手绘

二、动物纹

唐代首饰、金银器中所使用的动物纹多为器物的主题纹样，常处于画面构图的中心，既可作为单独纹样，也可与人物纹、植物纹及几何纹搭配出现。在造型特点上和植物纹一样，多为具有美好寓意的形态，少有如青铜器纹样般狰狞、神秘、恐怖的形态。

（一）神禽瑞兽纹

神禽瑞兽纹按照纹样题材可分为龙纹、凤鸟纹、龙凤纹、飞廉纹、摩羯纹等。

1. 龙纹、凤鸟纹、龙凤纹

龙纹、凤纹从古至今都是极具神性的动物纹的代表，由玄鸟演变而来，在原始彩陶的装饰纹样中便已出现雏形，到了青铜器时代则发展得成熟多样，如夔龙纹、蟠螭纹等。龙纹与凤纹既可以单独使用，也可以组合成龙凤纹，是吉利喜庆、幸福美满的象征，典型图式为龙凤呈祥。唐代龙纹（图4-4~图4-7）中最常见的就是三爪龙纹。

在懿德太子墓室壁画上绘制的宫女形象（图4-8）及敦煌莫高窟多处绘制的供养人形象都簪插着凤鸟纹发钗（图4-9），凤鸟姿态各异，或立于折枝花端，或直立于凤冠，或斜薄其下，出土实物则有西安市博物院馆藏金凤（图4-10），美国克利夫兰艺术博物馆馆藏金凤头饰等。以克利夫兰金凤头饰为例（见第二章图2-22），两只凤凰亭亭而立，双翼张开，尾部向上扬起，目光炯炯，口中各衔有一枝含苞欲放的花朵，体现出大唐盛世的昂扬气质。文艺复兴时期，德国艺术史家温克尔曼在《古代造型艺术史》一书中，认为古希腊雕塑造型艺术所表现的最高的美的境界就是“高贵的单纯，静穆的伟大”。克利夫兰金凤头饰已然具备这种“高贵”与“伟大”，具有神性的气质，融自信于形态之中，没有张牙舞爪，没有狰狞与恐怖。从构图上而言，凤凰外形的整体“C”形构图与凤头到凤尾的“S”形构图相结合，尽管头饰只有高12厘米的体量大小，但其艺术性的审美、线条的流畅与灵动，已达到了唐代其他雕塑、绘画作品的艺术高度。

图4-4 （唐）鎏金走龙，西安市博物院藏，段丙文拍摄

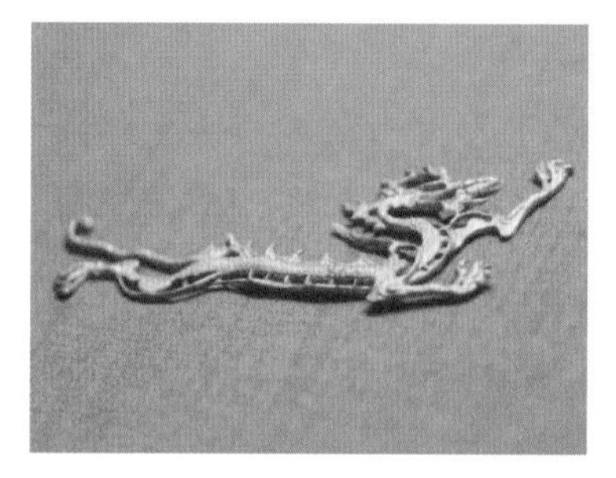
图4-5 （唐）金龙，西安市博物院藏，段丙文拍摄

图4-6 龙凤纹弧腹银碗，何家村窖藏出土

图片来源：齐东方，申秦雁，《花舞大唐春》，文物出版社，2003年，第173页。

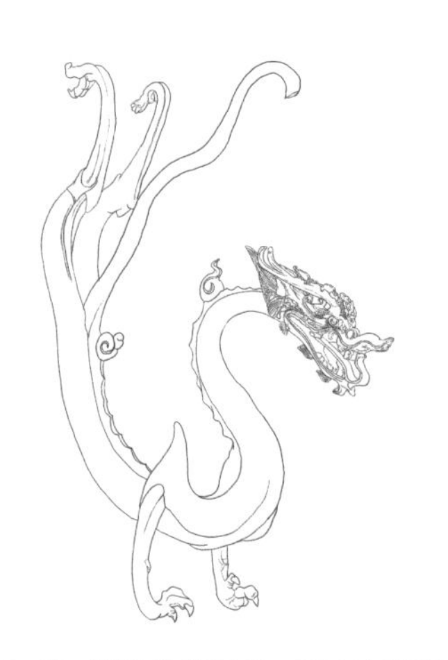
图4-7 鎏金铁芯铜龙，西安南郊草场坡出土，陕西历史博物馆藏，李灵雅手绘

图4-8 （唐）戴凤钗高冠唐代宫女，陕西乾县懿德太子墓室出土，侯媛笛手绘

图4-9 （唐）戴凤形冠饰唐代贵妇，敦煌莫高窟103窟供养人，侯媛笛手绘

图4-10 （唐）金凤，西安市博物院藏，段丙文拍摄

2. 飞廉纹

飞廉也称“蜚廉”，是中国古代的一种有翼神兽，在战国时期就已经出现了类似的形象。在唐代，飞廉形象与波斯、粟特文化融合，形成了唐代独特的飞廉纹。孙机先生在《七鸵纹银盘与飞廉纹银盘》中提出“唐代工匠用中国传统的飞廉形象取代了有翼骆驼纹”[1]，以何家村出土的鎏金飞廉六曲银盘为例，该银盘中飞廉的双翅和尾羽都融合了传统凤鸟纹的形象，牛首独角，鸟身凤尾，呈现出振翅欲飞的形态。

3. 摩羯纹

摩羯纹是寓意吉祥的纹样。摩羯本是印度神话中一种长鼻、利齿、鱼身的动物，随佛教传入我国后，与中华文化中的龙、鲤鱼等元素相融合，因此也被称为“鱼龙变纹”。摩羯纹既可以独立构成器物的主体纹样，也可与水波、莲花、荷叶等组合成装饰纹样，还可以作为辅助纹样出现。以现藏于陕西历史博物馆的摩羯荷叶纹银钗为例（图4-11），该银钗为双股，长35.5厘米，钗托作花叶状，钗面镂空，錾刻的是摩羯浮游于荷叶之上的情景。

（二）飞禽纹

唐代首饰、金银器的飞禽类装饰纹样主要包括鸳鸯、鹦鹉、鸿雁、孔雀、仙鹤、黄鹂、鸾鸟、燕子、鸭子、鸂鶒、黄鹂、白头翁等十多种禽鸟，既有作为器物主体纹样的，也有作为器物辅助纹样装饰在沿口或底部的。直接以飞禽类纹样命名的器物很多，如法门寺出土的鎏金鸳鸯纹大银盆，何家村出土的鎏金鹦鹉纹提梁银罐，以及西安市陕棉十厂出土的现收藏于西安博物院的鎏金云雀纹银钗（图4-12）等。飞禽多成双成对的出现，多是对爱情、婚姻美好祝愿之象征，

图4-11 （唐）摩羯荷叶纹银钗，陕西历史博物馆藏，刘玮瑶手绘

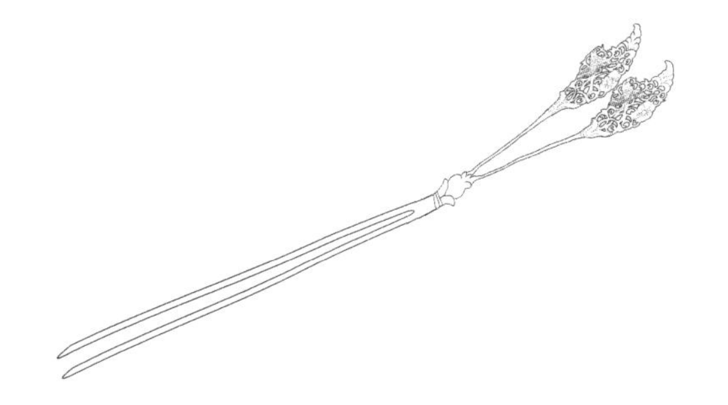

图4-12 （唐）鎏金云雀纹银钗，西安市陕棉十厂出土，西安博物院藏，刘玮瑶手绘

[1] 孙机．中国圣火：中国古文物与中西文化交流的若干问题［M］．沈阳：辽宁教育出版社，1996：173．

比如卢照邻在《长安古意》中写道“愿作鸳鸯不羡仙”的诗句就是这一类纹样的文学写照。

以陕西历史博物馆藏鎏金双雁纹银盒（图4-13）为例，盒面正面中央为两只脚踏莲蓬相向而立的鸿雁，以双雁衔胜、莲蓬、石榴花构成一幅完整的画面，画面构图左右对称，寓意百年好合、多子多福。

图4-13 （唐）鎏金双雁纹银盒，何家村窖藏出土，陕西历史博物馆藏
图片来源：齐东方，申秦雁，《花舞大唐春》，文物出版社，2003年，第181页。

（三）兽纹

唐代首饰、金银器的走兽类装饰纹样主要有战马、舞马、翼马，奔鹿、卧鹿，走狮、卧狮、翼狮，虎头、野猪、狐狸、猴子、兔子等。金属材料的器物多采用錾刻、镂空工艺将纹样制作为平面形态，玉石类器物则雕刻成浮雕形态，装饰手法多以写实为主，比如在西安何家村窖藏出土的狮纹白玉带板（图4-14)，雕琢有卧狮、蹲狮和行走的狮子形象，狮子姿态各异，其中有6对狮纹造型相同，而方向相反。

（四）昆虫类纹样

昆虫类纹样在唐代首饰、金银器中出现的数量较少，主要有蝴蝶、蜜蜂、蛾和金蝉等形象。蝴蝶有“破茧成蝶”之说，由丑陋变为美丽，可作为羽化成功的象征，也可作为爱情的象征，如“彩蝶双飞”。蜜蜂则可取其象征勤劳、团结合作与奉献精神之意。例如，唐代的鎏金蔓草蝴蝶纹银钗（图4-15），钗首在镂空蔓草纹上饰以镂空蝴蝶纹，造型手法写实。

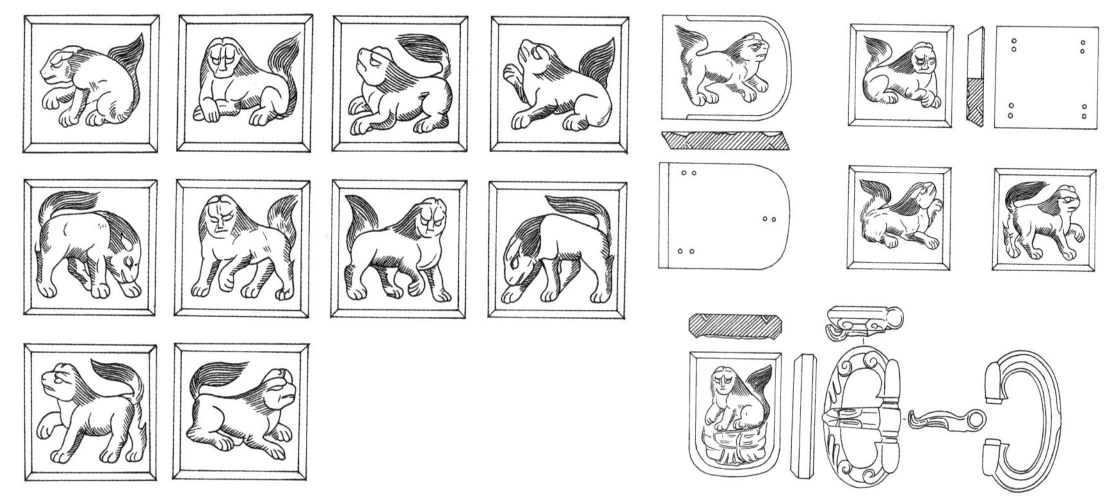

图4-14 （唐）狮纹白玉带板，何家村窖藏出土，陕西历史博物馆藏，简雪云手绘
大銙长5厘米 宽3.8厘米 厚1厘米，方銙长3.8厘米 宽3.6厘米

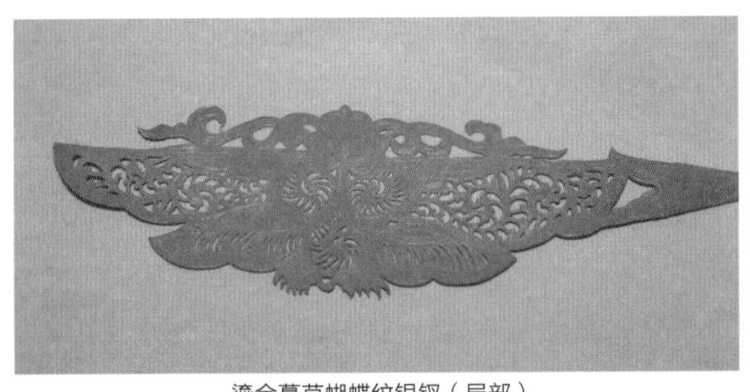

鎏金蔓草蝴蝶纹银钗（局部）

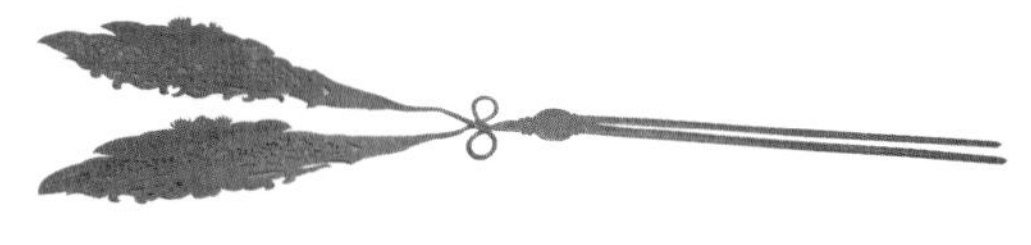

鎏金蔓草蝴蝶纹银钗（整体）

图4-15 （唐）鎏金蔓草蝴蝶纹银钗，何家村窖藏出土，陕西历史博物馆藏，段丙文拍摄

（五）水生动物纹样

水生动物纹样在唐代首饰、金银器中也出现较少，主要有龟、鱼等，龟象征长寿，寓意祥瑞，典型器物有陕西历史博物馆藏鎏金龟纹桃形银盘（图4-16）及镇江丁卯桥出土的龟负论语玉烛酒令筹筒（见第三章图3-2）。鱼纹在我国源远流长，从半坡遗址出土的原始彩陶到三星堆、金沙遗址出土的金银器中都多次出现了鱼纹。在唐代，鱼纹的形态趋向写实，且多与莲纹组合，构成年年有余的吉祥寓意，典型器物有江苏丹徒丁卯桥出土的荷叶形悬鱼器盖。龟纹、鱼纹都是十分典型的中式传统纹样。

图4-16 （唐）鎏金龟纹桃形银盘，何家村窖藏出土，陕西历史博物馆藏

图片来源：韩伟，《中华国宝·陕西珍贵文物集成》金银器卷，陕西人民教育出版社，1998年，第7页。

三、植物纹

唐代首饰、金银器上装饰的植物纹样包括缠枝纹（卷草纹）、忍冬纹、宝相花纹、莲花纹、莲叶纹、葡萄纹、团花纹、折枝纹等，其中缠枝纹、宝相花纹、忍冬纹、莲花纹、莲叶纹随佛教传入，与我国的传统植物纹样相结合而应用到首饰、金银器的装饰之中。

（一）缠枝纹

缠枝纹也称卷草纹、蔓草纹、唐草纹等，是唐代首饰、金银器中最常见的纹样之一。齐东方先生将缠枝纹分为四式——“Ⅰ式缠枝纹以枝蔓为主，茎、花、实随意变化。Ⅱ式缠枝在Ⅰ式基础上出现少量明显的小叶，但叶常常淹没于枝、蔓、茎、花、实之间，不易辨认。蔓茎部分变为小叶，每叶一般为两三瓣，有的为多层。这些小叶片的形态虽然接近于忍冬纹的叶片，但更为自由随意，不像忍冬纹那样单调呆板。Ⅲ式缠枝纹枝、蔓、茎减少或改变了原有的形态，带阔叶大花。Ⅲ式的重点特征是以肥大的叶或花取代部分蔓、茎。Ⅳ式缠枝纹的蔓茎花实发生较大的变化，主枝两边对称的外卷蔓更加随意”。[1]以洛阳唐艺金银器博物馆馆藏的卷草纹金栉背为例（图4-17），卷草纹纹样采用金丝掐制而成，构图左右完全对称。唐代龙门石窟菩萨立像所戴头冠的纹样也是由卷草纹构成，构图同样为左右对称式（图4-18）。

（二）忍冬纹

忍冬纹为叶状植物纹样，多为三曲至五曲的半片叶，作为装饰时两叶对卷，常作为纹饰分割的骨骼框架，与其他纹样搭配装饰在主体图案边缘，典型器物如何家村人物忍冬纹金带把杯（图4-19）。

图4-17 （唐）卷草纹金栉背，洛阳唐艺金银器博物馆藏，刘茵手绘

图4-18 （唐）龙门石窟菩萨立像，简雪云手绘

图4-19 （唐）人物忍冬纹金带把杯，何家村窖藏出土，陕西历史博物馆藏
图片来源：齐东方，《唐代金银器研究》，中国社会科学出版社，1999年，彩图7。

[1] 齐东方．唐代金银器研究［M］．北京：中国社会科学出版社，1999：133-138．

（三）葡萄纹

葡萄纹是由葡萄弯曲变化的主枝与茎、蔓、叶、实组成的写实性植物纹样，葡萄的花叶、果实还常作为缠枝纹的素材，被称为缠枝葡萄纹。

（四）团花纹

团花纹是将不同种类的花卉平面化的纹样，其廓形为圆形，可分为桃形莲瓣团花纹、多裂叶形团花纹、圆叶形团花纹等几种形态。团花纹既可以完全由植物花卉组成，也可以在内部錾刻动物纹样。团花纹与宝相花纹的区别是，前者是比较写实化的自然花朵，后者则更趋图案化、程式化、几何化。

（五）宝相花纹

宝相花纹（图4–20）由团花纹演变而来，它是由我国传统莲纹与印度佛教莲纹逐步融合而成，构成其中心图案的基本单位是以侧卷瓣、对勾瓣、云曲瓣为代表的抽象花瓣，外层图案多由对卷的忍冬叶或勾卷组成花瓣，对称式的造型语言使宝相花纹更趋程式化。

（六）莲花纹、荷叶纹

莲花纹是典型的本土纹样与佛教文化传入纹样的结合体，我国在河姆渡遗址出土的陶器上就有类似莲瓣纹的线刻，而覆莲纹、仰莲纹在唐代首饰、金银器上的使用则也是受佛教文化的影响。这类纹样及代表器物有法门寺五足银炉盖钮的莲花纹（图4–21）及丁卯桥荷叶形银盐台盖的荷叶纹（图4–22），均采用了写实的造型手法。

（七）折枝纹

折枝纹“犹如一支折下的植物或者单独生长的花草，形态大都比较写实……Ⅰ式纹样纤细，花较小，较写实、呆板；Ⅱ式纹样粗壮、肥厚，较为流畅；Ⅲ式纹样为大花阔叶，肥厚繁茂；Ⅳ式纹样以花为主，枝叶

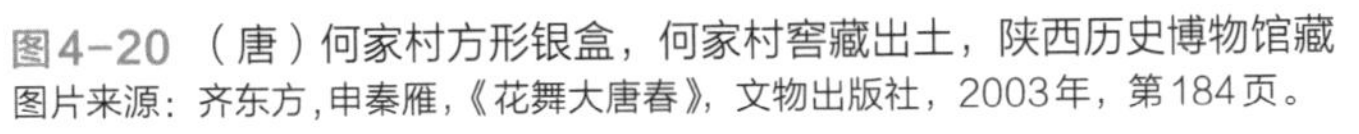

图4–20 （唐）何家村方形银盒，何家村窖藏出土，陕西历史博物馆藏
图片来源：齐东方，申秦雁，《花舞大唐春》，文物出版社，2003年，第184页。

图4-21 （唐）法门寺五足银炉，法门寺地宫窖藏出土，法门寺博物馆藏
图片来源：李新玲，《法门寺与法门寺博物馆》，长城出版社，2003年，第45页。

图4-22 （唐）丁卯桥荷叶形银盐台盖，丁卯桥窖藏出土，镇江博物馆藏
图片来源：镇江博物馆，《镇江出土金银器》，文物出版社，2012年，第30页。

较少，花肥大而呆板”[1]。金银器上装饰折枝纹在唐代极为盛行，且多讲求对称均衡的布局。

（八）小花纹、半花纹、叶瓣纹

这类纹样都是取植物花叶的自然形做成对称形小簇花纹样，作散点排列。小花纹由四瓣小花连续排列而成，半花纹由四瓣小花的一半排列而成，叶瓣纹则由叶瓣排列成边饰，并在每个叶瓣上刻划细密的线条。何家村鹦鹉纹提梁银罐（见第三章图3-10）的颈部装饰纹样就为连续排列的小花纹，成为器物装饰的辅助纹样。

四、几何纹

在唐代，几何纹多作为附属纹样或底纹

[1] 齐东方．唐代金银器研究［M］．北京：中国社会科学出版社，1999：146.

出现在器物中，在原始彩陶中就有使用几何纹样作为器物主题装饰纹样的现象。唐代首饰、金银器的几何纹样有联珠纹、鱼子纹、绳索纹、波折纹、直条纹、横条纹、菱格纹、龟甲纹、盘绦纹等，最为常见的是联珠纹、鱼子纹（又称珍珠纹，因鱼子纹将在本章第六节进行较为翔实的介绍，此处便不做过多介绍）。

联珠纹是一种我国传统几何图形纹样与波斯联珠纹融合形成的装饰纹样（目前该观点尚存争议），具体样式是由单个圆形或球体按照圆弧形或“S”形排列方式有序串联在一起。唐代首饰、金银器中的联珠纹通常采用铸造、錾刻或金珠焊接工艺制作而成，多装饰在器物的口沿、颈部、底边或与主题纹样组合在一起，起界定边缘轮廓的作用，呈平面线刻或立体金珠等形态，何家村莲瓣纹弧腹金碗碗底边缘装饰的纹样就是联珠纹（见第三章图3-1）。

绳索纹也称麦穗纹、链条纹，典型器物有何家村窖藏出土的舞马衔杯皮囊银壶（图4-23），腹部与底部相交处就装饰有如同麦穗一样的纹样。

鎏金透雕卷花蛾纹银梳上则刻有几何纹理的波折纹（图4-24）。

舞马衔杯皮囊银壶（马头右向）

舞马衔杯皮囊银壶（马头左向）

图4-23 （唐）舞马衔杯皮囊银壶，何家村窖藏出土，陕西历史博物馆藏
图片来源：冀东山，《神韵与辉煌——陕西历史博物馆国宝鉴赏》金银器卷，三秦出版社，2006年，第66页。

五、其他类纹样

除了上述纹样种类外，还有很多其他的纹样种类，如兵器类纹样，弓箭、剑囊、剑壶等，形如带状系结在一起的绶带纹，由卷曲的云头连续排列组成的卷云纹，由三五瓣云朵形的花瓣连续排列组成的云曲纹，以及水波、流云、金刚杵等类别的纹样。

图4-24 （唐）鎏金透雕卷花蛾纹银梳，焦旭悦手绘
高8.5厘米，宽13厘米

第三节　按照纹样的来源分类

一、本土纹样

在唐代首饰、金银器使用的纹样中，沿用并保持其原有形态特征，很少受到其他国家或民族文化影响的传统纹样有：仕女纹，如何家村窖藏出土的现于陕西历史博物馆藏的何家村仕女纹银带把杯；龙纹，如何家村窖藏出土的现于陕西历史博物馆藏的葡萄龙凤纹银碗；凤鸟纹，如西安紫薇花园墓地出土的凤鸟衔枝鎏金银簪（图4–25）；龙凤纹、鸳鸯纹，如现存于法门寺博物馆的鎏金鸳鸯团花纹双耳圈足大银盆；鸿雁纹、鹦鹉纹，如何家村窖藏出土的现于陕西历史博物馆藏的鎏金鹦鹉纹提梁银罐等。

二、外来纹样

随着唐代丝绸之路文化交流的深入，许多外来纹样涌入我国，其中诸多纹样都保留了原国家或民族纹样特征，并且直接应用到了唐代的首饰、金银器中，其中最为典型的就是伎乐纹及佩兹利纹。

（一）伎乐纹

何家村鎏金伎乐纹八棱金杯（图4–26）的杯身和杯垫上都以高浮雕手法塑造有胡人形象，高鼻凹目的乐师着典型胡人服饰，头戴卷檐尖顶或瓦楞形胡帽，登靴，使用的竖箜篌、曲颈琵琶、排箫等都是西域胡人乐器。

（二）佩兹利纹

佩兹利纹也称勾玉纹、芒果纹、火腿纹等，佩兹利纹发祥于古巴比伦，其纹饰特点是头圆尾尖，形如芒果核，呈螺旋形，以何家村出土的金梳背为例（图4–27），采用金丝编制成佩兹利纹样廓形，在佩兹利纹内满

图4–25　（唐）凤鸟衔枝鎏金银簪，西安紫薇花园墓地出土，张文静手绘

图4–26　（唐）伎乐纹八棱金杯，何家村窖藏出土，陕西历史博物馆藏，张文静手绘

图4-27 （唐）金梳背局部，何家村窖藏出土，陕西历史博物馆藏，黄子健手绘

饰“金粟”。佩兹利纹并没有成为如同缠枝纹、宝相花纹一样在唐代首饰、金银器中常用的纹样，出现较少。

三、外来纹样与本土纹样的融合

就我国纹样的发展史而言，唐代纹样经历了大变革，外来纹样大量涌入，与我国传统纹样发生交叉融合的现象，并最终形成中华民族独特的“新型”纹样形式。在唐代首饰、金银器装饰纹样中的狩猎纹、飞天人物纹、摩羯纹、宝相花纹、缠枝纹、忍冬纹以及联珠纹均为外来纹样与本土纹样的融合、发展、创新而成。

第四节　按照纹样的制作工艺分类

唐代首饰、金银器上的纹样在满足了装饰审美需要的同时，也体现了独特的制作工艺。因其不同于丝绸、铜镜、漆艺、陶瓷等同时代手工艺的独特制作技法，其所产生的形态、线条、色彩也具有独具一格的艺术魅力。

（一）采用铸造工艺制作而成的纹样及特点

由于錾刻工艺的兴起，使用铸造工艺制作的唐代首饰、金银器数量急剧减少。传统失蜡法铸造是先在蜡模上雕刻好器物体块感较强的主体形态，细腻、流畅的线形纹样由于较难翻制，多在器物铸造完成之后再錾刻。失蜡法铸造的优势是能够较为快速地批量复制具有相同器形和纹样的器物。

（二）采用錾刻工艺制作而成的纹样及特点

采用錾刻工艺制作的装饰纹样数量最多，且几乎涵盖了唐代首饰、金银器中的所有纹样题材。錾刻工艺制作的装饰纹样多位于器物表面，呈平面线形，錾刻线条可分为两种，一种为挤压成形，不破坏金属表面，用于制作挤压线条的錾子表面及棱角需打磨，錾刻这类线条时可以反复修改调整；另一种为剔出来的线，剔除线条的时候必须一次成型，不可中间出现停顿，否则线条显得磕磕绊绊，缺少灵动感。

以法门寺鎏金鸳鸯团花纹银盆为例，鸳鸯翅膀上的硬质羽毛以粗大的线表示，錾刻出粗、深且长的线条，而肚子上绒绒的细毛则用细线錾刻出短、浅且密集细如发丝的线条，鸳鸯的喙与爪则錾刻为流畅、急促、刚硬的线条。通过錾刻线条粗细、深浅的变化，将鸳鸯身体不同部位的质感刻画得形神兼备，除满足了视觉审美需要外，还激发了人的触觉审美，让冰冷的金属散发出似乎能触摸到的温度。通过錾刻技法的变化和对錾子力度的把控，使线条富有生命力，时而朴拙、时而流畅，将中国线形艺术的魅力展现无遗，这也是为什么唐代首饰、金银器在中国发展史上能够达到“前无古人，后无来者”的巅峰艺术高度的原因之一。

（三）采用捶揲工艺制作而成的纹样及特点

捶揲工艺既是一种成形工艺，也是一种制作纹样的工艺形式。由于捶揲工艺是使用锤子捶打成形，但往往只能捶打出器物基本的轮廓形态，所以多结合錾刻工艺进行细节刻画。以何家村莲瓣纹弧腹金碗为例，首先捶制出器物的基本形态，然后由内向外捶制出单层莲瓣纹的轮廓形态，结合小圆平面錾子刻出细节形态，同时将鼓起的莲瓣轮廓用线錾的方式向内錾刻边缘轮廓，经过多次内外錾刻，便制作出多曲纹样。

（四）采用掐丝工艺制作而成的纹样及特点

唐代采用掐丝工艺制作而成的首饰、金银器，无论是数量还是种类上，都尚不及明清时期发达，掐丝工艺多用来制作纹样的轮廓形态，用以镶嵌宝石。掐丝与镶嵌相结合的工艺在唐代也称为“金框宝钿”工艺——采用掐丝工艺制作完成纹样的廓形之后，将已掐好的金丝焊接到器物的表面，形成“金框”，最后再将宝石嵌入金框之中。在目前已出土的唐代首饰、金银器中，尚未发现如同明清时期掐丝工艺与珐琅工艺相结合制作而成的器物。

采用掐丝工艺制作而成的纹样的典型器物有现收藏于陕西历史博物馆的何家村出土的金框宝钿团花纹金杯（图4-28），杯上如意云朵纹和团花纹的廓形都用扁金丝掐出，同时在纹样最外缘焊金粟，装饰在器物表面。

图4-28 （唐）金框宝钿团花纹金杯，何家村窖藏出土，陕西历史博物馆藏
图片来源：冀东山，《神韵与辉煌——陕西历史博物馆国宝鉴赏》金银器卷，三秦出版社，2006年，第53页。

（五）采用镂空工艺制作而成的纹样及特点

镂空工艺就是用于制作纹样的单纯工艺形式，可以独立成形，多为平面形态，如何家村出土的鎏金蔓草蝴蝶纹银钗，也可以与捶揲工艺结合制作器形或纹样形态，如法门寺出土的镂空银茶笼子，还可以结合鎏金工艺作为一种工艺装饰手法，唐代目前已知的13件金银香囊都是采用这种手法进行装饰的。

镂空工艺可以分为用锯镂出形态和用剔

线錾刻出镂空形态两种，以西安何家村出土的鎏金蔓草蝴蝶纹银钗为例（图4-29），用锯锼出蔓草纹和蝴蝶纹的整体形态，蝴蝶双翅细如发丝的镂空线条则应是将银板固定在用松香和细灰土熬制的胶板之上，用剔线錾刻出镂空形态而成。

图4-29 （唐）鎏金蔓草蝴蝶纹银钗，何家村窖藏出土，刘玮瑶手绘

采用镂空工艺制作纹样，一方面满足了视觉审美的需要，使器物具有虚实变化关系的美感，另一方面则满足了器物整体重量及成本的使用需要，无论是镂空的花钗，还是镂空的金银香囊，在佩戴时都不宜过重、过沉。除此之外，采用镂空工艺制作纹样还满足了实用需求，如法门寺镂空银茶笼子的设计是为了存储茶叶时通风透气。

（六）采用鎏金工艺制作而成的纹样及特点

鎏金工艺分为整体鎏金工艺和局部鎏金工艺。整体鎏金工艺就是将银质和铜质的首饰、金银器表面全部采用鎏金工艺进行装饰，与纯金首饰或器物在视觉层面无本质的差异，但使用材料的成本远小于纯金制品，一定程度上满足了人们对黄金制品的需求。局部鎏金工艺多指在器物的主题纹样部分采用鎏金工艺进行装饰，使器物形成金、银两色，以法门寺鎏金双蛾团花纹镂空银香囊和鎏金瑞鸟纹银香囊为例，鎏金团花纹样与银色底纹交错，一方面增加了色彩的丰富性，在视觉上变得活泼、不呆板，提升了器物的艺术审美价值，另一方面增强了色彩的对比效果，以银色底纹衬托金色的主题纹样，使主题纹样更加突出，纹样的主次更加分明，这也是为什么局部鎏金工艺在唐代首饰、金银器中所占比例远远超过整体鎏金工艺的原因。

（七）采用花丝工艺制作而成的纹样及特点

花丝工艺在唐代被称为金银结条法，相较于明清时期花丝工艺的巅峰时期，唐代花丝工艺种类相对较少，主要有掐、织、编、垒等几种。采用花丝工艺制作而成的首饰、金银器纹样远不及錾刻工艺制作的多，这种工艺制作的平面化纹样与錾刻工艺所制作的纹样有很大的区别，花丝工艺需将金银丝制作成形后，采用焊接工艺将其焊在器物表面，典型器物如何家村出土的金梳背。

（八）采用炸珠工艺制作而成的纹样及特点

首先采用炸珠工艺制作几粒到数千粒数量不等、体积大小不同的金粟，然后将金粟依照设计好的纹样形态焊接在器物表面，制作成各种图形纹样不同的首饰或金银器。从目前考古发掘出来的唐代器物来看，既有可以作为首饰、金银器表面肌理的纹样装饰，将金粟与宝石混合镶嵌在金丝掐成的纹样内，同时构成纹样的整体形态，不仅有形态的变化，还产生了色彩、肌理、前后层次的变化，典型器物有窦皦墓出土的金筐宝钿玉带（图4–30），也有可以作为器物纹样外轮廓的边缘装饰，典型器物有前文提及的何家村出土的金框宝钿团花纹金杯，该器物的纹样边缘都焊接有多粒金粟。

图4–30 （唐）金筐宝钿玉带（局部），西安窦皦墓出土，陕西历史博物馆藏
图片来源：韩伟，《中华国宝 · 陕西珍贵文物集成》金银器卷，陕西人民教育出版社，1998年，第177页。

第五节　按照吉祥纹样体系分类

在中华民族长期以来共同的社会文化生活积累之下，人们约定俗成地将某些动物、植物、几何及文字纹样作为美好寓意的象征或符号，于是这些纹样便包含了相应的吉祥观念。

一、动物纹

鸳鸯纹用来比喻夫妻恩爱；鸿雁纹象征着夫唱妇随、忠贞不渝、从一而终；鹿通纹常象征着福禄长寿；龟是长寿的象征，有“龟鹤齐龄”之说；鱼常与莲花组成“连年有余”的吉祥寓意。

二、植物纹

缠枝纹的样式特点是藤蔓绵延、缠绵不绝、连绵起伏，寓意“生生不息”“千古不绝”“万代绵长”的吉祥观念；宝相花纹饱满圆润的廓形，寓意圆满完整；忍冬纹连绵回转，象征灵魂不灭、轮回永生；石榴因其多子，应用在纹样中寓意“多子多福”；柿蒂纹则取其“事事如意”的美好寓意（图4–31）。

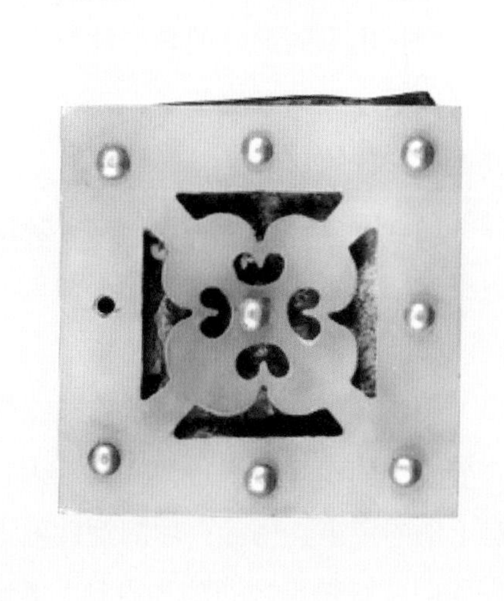

图4-31 （唐）柿蒂纹方铐（九环蹀躞玉带铐的部件），陕西历史博物馆藏

三、其他吉祥纹样

（一）如意纹

如意纹由如意的实物衍生而成。如意实物也称“如意头”，以卷云形为主，寓意“吉祥如意”“和合如意”，其典型器物有法门寺鎏金银如意（图4-32）。

（二）回纹

回纹是以一反一正相连成对并连续不断地回旋线条折绕而成带状形的纹样样式，寓意“福寿绵长”，其典型代表有瑞典折腹银碗（图4-33），碗底托上錾刻的回纹。

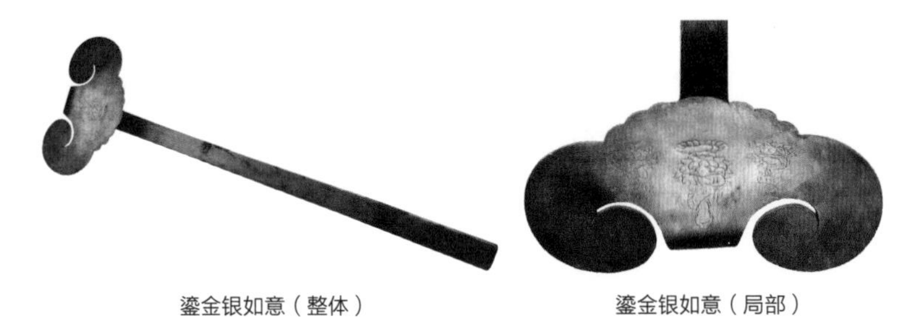

鎏金银如意（整体） 鎏金银如意（局部）

图4-32 （唐）鎏金银如意，法门寺地宫窖藏出土，法门寺博物馆藏
图片来源：李新玲，《法门寺与法门寺博物馆》，长城出版社，2003年，第52页。

图4-33 （唐）瑞典折腹银碗，瑞典斯德哥尔摩，邵舒萌手绘

第六节 鱼子纹及其制作过程

一、鱼子纹的作用

唐代首饰、金银器除了特别注重主体纹样的设计与制作之外，也十分重视对器物背景底纹的处理。除少数素面光地的器物，绝大多数器物都采用錾刻、捶揲工艺制作各类主题纹样，同时饰满鱼子底纹。鱼子底纹也称珍珠底纹，在唐代金银器物上随处可见，是唐代首饰、金银器的一大典型特征，具有重要作用。一方面，鱼子纹起到了装饰画面的作用，另一方面，鱼子纹还起到将器物表面散点式排列的人物纹、动物纹、植物纹或几何纹串联成一个画面整体，形成统一风格的作用。以韦洵墓出土的鸿雁纹银杯（图4-34）

图4-34 （唐）鸿雁纹银杯，西安市长安区南里王村唐代韦洵墓出土，陕西历史博物馆藏
图片来源：齐东方，《唐代金银器研究》，中国社会科学出版社，1999年，图版17。

为例，其中的主体纹样鸿雁纹、折枝纹以及散落的花叶纹、云纹由满饰的鱼子底纹串联在一起，形成整幅画面。

二、鱼子纹制作工艺流程

本书以制作1毫米大小的錾子为例。

（1）制作钢针：将一根直径约0.5毫米铁圆柱体的头部磨成半球形。根据制作的器形大小，制作出不同尺寸的鱼子纹錾子，如果需要制作更小的鱼子纹錾子，钢针则可以磨制成更加尖锐的针形；

（2）钢针淬火：将磨制好的钢针烧成通红然后浸入油或者水中，进行淬火加工，以提高钢针的硬度；

（3）制作錾子：将约1毫米铁圆柱体的头部磨平后用细锉导小圆角，烧红退火，然后将錾子柄固定牢，用淬火后的钢针敲击錾子的头部即可获得头部凹陷为直径1毫米中空的錾子。在这里所需要注意的是，钢针必须对准1毫米铁圆柱体中心部位，不可以有偏差，否则錾刻出的鱼子纹不够圆顺；

（4）铁錾子淬火：将制作完成的1毫米中空的铁錾子烧红后淬火，提高铁錾子的硬度；

（5）用做好的铁錾子在金属表面錾刻即可获得中空小圆点纹样，即鱼子纹。

第七节 唐代首饰、金银器纹样特征浅析

一、纹样题材发生巨大改变

从中国纹样发展史来看，唐代首饰、金银器纹样的艺术风格有着承前启后的时代价值和意义，它开启了中国纹样的新篇章，引领了新的时代风尚，影响至今，且对周边国家和地区的不同民族的纹样产生了深远的影响，今天日本仍然把缠枝纹称为唐草纹就是实证。唐代首饰、金银器纹样题材内容从神性转向对人性、世俗生活的探索，进一步摆脱了青铜器时代充满神秘、宗教色彩的图腾式纹样风格的束缚，逐渐趋向大众化、世俗化、生活化和多样化，神怪色彩的纹饰逐渐退出历史，展示各类生活场景、现实题材的狩猎纹、动物纹及种类繁多的植物纹成为主流，且创作手法写实，多采用錾刻、捶揲、

掐丝、鎏金、镂空等工艺呈现。比如狩猎纹、乐伎纹以及舞伎纹等，都是以较为写实的手法对现实生活场景进行描述的纹样，折射出唐代人们更加关注自我情感的诉求以及人们精神与审美的世俗化和人文化，强调以人为本。选择各类具有吉祥寓意的纹样，如中华传统文化中具有代表性的动物纹、植物纹为描绘对象，在满足人们审美需求的同时，更多地寄托了人们对吉祥、美好生活的强烈期望与祈福。

二、外来文化对纹样产生巨大影响

唐代以开放、包容的姿态博采众家之长，汲取、吸纳、融合诸多外来纹样的精华，并学习其与中华文化不同的创作风格与手法。唐代诸多纹样受到印度、波斯、粟特、大食等国家或地区纹样的影响，外来纹样与本土纹样的融合，使唐代首饰、金银器上装饰的各类纹样在构成形式、表现手法、题材内容、审美意趣等方面发生巨大改变，影响深远。

唐代应用于首饰、金银器中的本土典型纹样有忍冬纹、折枝花鸟纹、团花纹等。受外来文化影响并融合成为本土的纹样，以卷草纹、联珠纹为代表，典型案例有被称为“唐卷草”或“唐草纹”的缠枝纹以及莲花纹。唐代莲花纹一方面受我国传统莲花纹的影响，另一方面受到佛教的影响，折射出东西方文化的融合。无论是本土纹样还是外来纹样，经过文化的融合与沉淀，都成为东方文化的范式，这也是唐代首饰、金银器纹样的重要特征之一。

三、丰富多样的制作工艺带来形式上的变化

唐代首饰、金银器纹样因制作工艺的丰富多变，同一纹样也会产生不同色彩、肌理的变化，从而造成视觉、触觉效果的改变。以法门寺出土的鎏金双蛾团花纹镂空银香囊和鎏金瑞鸟纹银香囊为例，局部鎏金工艺的使用，使香囊呈现金、银两色，金色的团花纹样与银色底纹形成色彩对比，镂空工艺产生的虚形与实体之间形成了虚实对比，制作工艺与纹样相互匹配，相得益彰。

四、纹样的程式化

纹样的程式化主要指纹样轮廓形态和构图布局的固定化、模式化，以“米”字结构为骨骼的造型工整对称的宝相花纹，以“S”形结构为骨骼的缠枝花纹，以錾刻工艺将鱼子纹饰满首饰、金银器的装饰手法等，这些都是唐代首饰、金银器纹样程式化的表现。

总之，唐代首饰、金银器的纹样装饰华美富贵、繁复多变、繁花似锦，加上金银珠宝材质的稀有性，纹饰处处彰显着精美奢华、气势恢宏的盛唐之美。越来越世俗化和人文化的审美观蕴含在器物造型、纹饰及精湛的制作技艺之中，折射出唐代社会经济发达、国力强盛。开放包容的唐代彰显了文化高度自信的时代精神风貌。

第五章

唐代首饰、金银器制作工艺

第一节 概述

唐代首饰、金银器的造型、纹样、色彩无不呈现出工艺的精美，而丰富多样的技艺反过来又是实现器物造型、纹样、色彩完美的手段与技术保障，两者体现了技术与艺术的高度统一，实用性与审美性的完美结合。同时，器物的制作工艺还决定了其造型、纹样、色彩的装饰形式、结构与风格。因此，研究唐代首饰、金银器制作工艺不是单纯地去研究器物的工艺流程，而是去研究制作工艺背后所承载的文化内涵，如人文习俗、宗教信仰、造物过程的价值观和审美观，以及产生这些制作工艺的技术环境等，工艺形式所承载的文化内涵又反过来影响使用者、佩戴者的人文价值观。

以器物的造型、纹样、色彩为载体来探究制作工艺，其背后隐含着工艺与科技、材料、文化交流等因素的密切关系。

能工巧匠们制作出的器物，其工艺的精美程度折射出的表层含义是心灵手巧的制作工艺和造物活动，深层含义则是构建出巧思妙想的设计理念和造物观的价值体系。这来自历史和传统的价值体系及内在的文化基因，可以作为一束亮光照耀今天的文化价值体系，构建文化自信。

一、工艺与科技

一个时代科学技术的进步，客观上会促进新材料、新工艺的发展。唐代与首饰、金银器相关的科学技术进步的代表就是冶炼白银的吹灰法（灰窠法）——用上等炉灰先做成灰窠，置铅驼于灰窠内，熔融含银的铅块，利用铅和银完全互溶且铅熔点较低的特点，使铅熔入灰坯，银便分离出来。吹灰法技术的发展与成熟，使唐代银的提炼纯度一般可达到98%以上，唐代《丹房镜源》中就有熔铅成汁及炼制铅丹的记载。同时，在何家村窖藏和章怀太子墓都出土有吹灰法冶炼白银的渣块，何家村和镇江丁卯桥窖藏还出土了大量金饼、金挺、银饼、银版。从目前考古发掘的与传承有序的唐代首饰、金银器的数量来看，从理论到实践都有力佐证了吹灰法在唐代已发展成熟。金银冶炼技术的进步，为首饰、金银器的加工制作提供了丰富的原材料，满足了唐代人们对材料的需求，加速了唐代首饰、金银器的高速发展。

二、工艺与材料

唐代首饰、金银器的工艺与材料紧密相连，选用什么样的材料，就要选用与之相对应的制作工艺，工艺的选择需因材施艺。因材施艺包括以下三层意思：第一，选用制作器物的材料不同，而不同材料对应不同的制作工艺，例如，在唐代首饰、金银器的制作过程中，金属材料与玉石材料就是两个有着巨大差异的材料门类，其各自对应的制作工艺也必然不同；第二，相同的材料、相同的器形，可以选用相同或不同的工艺，例如，同样是金杯，何家村伎乐纹八棱金杯和金筐宝钿团花纹金杯的杯身分别采用了铸造和捶揲工艺；第三，在造物过程中，对于天然石材，既可以根据材料的纹理和形态随形就形进行雕琢，也可以根据设计规划切割所需形态的石材。这几种因材施艺的手法都需要根据造物活动的实际情况灵活应用，“材料以自己不同的品质区别于异类显示着自己的个性，工艺在一定意义上就是展现材料个性的艺术。使人充分地去感受那种来自材质本身的自然之美。质的感受性，这种感受性有时成为一种习惯性，表现为一种敏感性，与人的日常经验和联想结合在一起，从而成为美感的一部分”[1]。

三、本土工艺与外来工艺的融合

从制作工艺角度而言，我们既保留了自青铜器时期以来就成熟了的传统铸造工艺，又进一步融合了由伊特鲁斯坎人发展成熟至战国时期传播到东方的炸珠（坠珠）工艺，同时也将三星堆时期便已出现雏形的，在唐代通过丝绸之路从西方传播过来的金银錾刻、捶揲及镂空工艺融入首饰、金银器制作中，并在这个时期将錾刻和捶揲工艺推至顶峰，影响至今。本土工艺与外来工艺在唐代首饰设计中达到了技术性与艺术性高度的统一，与该时期开放、包容的时代特征高度契合。

四、工艺与文化传承

历经千年，我们已经无法听到来自唐代金银作坊院的大匠们制作首饰、金银器时的金属敲击声，无法亲见师父教授徒弟时耳提面命的场景，也无法感知手把手传递技艺的温度，但所幸我们可以看到考古发掘和传承有序的精美器物，以及少数相关文献记录。并且在我国藏族、苗族、白族、水族等多个少数民族区域，以及日本等其他国家和地区至今仍然还在使用唐代的部分工艺制作器物，国内诸多高校也在逐步增设对这些工艺学习与临摹的相关课程。因此，从文化传承角度而言，唐代首饰、金银器的制作工艺一直以活态化的方式传承和延续着。

第二节 唐代的官作与行作

唐代首饰、金银器制造业高度发达，根据制作部门的不同可分为“官作”“行作”

[1] 李砚祖．工艺美术概论［M］．济南：山东教育出版社，2002：79.

两种。“官作”是指由少府监中尚属管辖的金银作坊院和直接隶属皇室的文思院工匠制作，“行作”即为民间金银行工匠制作，地方官府进奉的以及民间作坊生产的首饰、金银器都属于行作。

安史之乱后，随着唐朝经济的南移，行作的首饰、金银器制作在南方蓬勃发展起来。江苏镇江丁卯桥出土了金银饰器956件套，其中银钗760件，银镯29副，浙江省长兴县长辛桥出土了金银饰器100余件，其中银钗45件。这两处出土的银钗都为折股钗，钗梁形状呈半环形和云头形。相较现藏于陕西历史博物馆的1956年西安东郊韩森寨出土的摩羯荷叶纹花钗和双凤纹花钗，以及1970年西安南郊何家村出土的2件鎏金蔓草蝴蝶纹花钗，江苏镇江市和浙江省长兴县出土的银钗与银镯多为素面，或錾刻相对简单的植物纹、几何纹样，而西安出土的花钗属于唐代首饰中的精品，无论是制作工艺的难度、审美的高度，还是纹样錾刻、镂空的复杂程度都要远超江南地区出土的首饰。这两批出土器物的数量多且种类少，相同形制的器物大量重复出现，显然佩戴这类首饰的人群数量相对庞大，同时我们可以从《簪花仕女图》（图5-1）以及敦煌壁画中看到，晚唐及五代时期的仕女头上簪插有与镇江和长兴出土银钗相同形制的发钗，并且每人头上都簪插有多支钗。由此可以看出，唐代江南地区的金银饰器开始趋向商业化、简素化、大众化，说明这些首饰不仅是为个别人服务的，应是商户为商业销售、买卖而制作的。

同样，我们还可以从宋代私营手工业在江南地区发展成熟并走向繁荣来反证这一点。正是由于安史之乱后，江南地区相对安定，长安、洛阳的许多手工艺人逃往江南地区，北京大学的齐东方先生就持有这样的言

图5-1 （唐）簪花仕女图（局部），辽宁博物馆藏

论，“而智慧轮邀请的工匠刘再荣、邓行集，则应是长安城内的个体金银工匠”[1]。客观上，逃往江南地区的手工艺人将为唐代宫廷服务的首饰、金银器制作技艺传入南方地区，促进了江南地区手工艺水平的发展，由于他们不再隶属于金银作坊院或文思院，因此这段时期制作的金银器应归属于行作。

从银钗的体量上也可以看出唐代行作在南方的蓬勃发展。例如，西安何家村出土的鎏金蔓草蝴蝶纹银钗钗头宽大，为錾刻、镂空工艺的使用提供了空间，就可以雕出或镂出形态更加丰富多样的纹样，其制作的复杂程度远高于江南地区出土的简素银钗。丁卯桥、长辛桥出土的器物制作工艺简单，表面纹样、色彩装饰简素，与金银作坊院和文思院工匠制作的精美奢华的器物相比略显逊色，且相同形制器物重复数量多，因此没有唐代御用品的奢华之感。但也正是因为器物的器形重复，纹样装饰简素，工艺难度相对低，制器时间相对短，所以能够满足越来越多唐代百姓对首饰、金银器的需求，这也正是官作和行作的分野之处。

官作的衰落与行作的兴起，一方面折射出安史之乱后，唐王朝的中央政权渐趋衰落，经济中心南移，另一方面也折射出藩镇割据之后，唐代富丽堂皇的、辉煌华丽的艺术形式被破坏，呈现出越来越世俗化的、为大众造物的、为大众设计的思想观。唐代首饰、金银器体量大，象征皇权的厚重，随着行作的兴起，华丽的形式美逐渐变为能够满足越来越多“草头王”的简素美，满足普世化的审美需求。官作与行作的兴盛更替与唐代政治、经济、文化的起落是一致的，中央集权所垄断的制作首饰、金银器的名贵材料以及掌握高超技艺的工匠，为这个行业的蓬勃发展提供物质基础与工艺保障。唐朝前期社会的稳定、经济的繁荣、统一的服制制度也为首饰、金银器的制作提供了人力、物力、财力及制度保障。安史之乱后，一切都被打破，集中式的生产越来越不适应日益分裂的局面，而集销售与生产于一体，分散式生产，“前店后作坊”模式的行作，正好契合藩镇割据时代发展的需要。

官作和行作除制作器物之外，还承担着对技艺的传承，对学徒的培养与考核，并构建了相应的培养制度，这一点我们可以从《新唐书·百官志》中获知，“教作者传家技，四季以令丞试之，岁终以监试之，皆物勒工名”[2]。对学徒技艺的传授成果年底都需要进行实名考核，同时，官作建立了严格的管理机制和体系，“唐代中央官府金银作坊的管理由少府监及直接隶属皇室宫廷的文思院负责……文思院的人员职责分明。低级别的是匠、打造匠，稍高一些的作官、打造作官、打造小都知，都属于器物的直接制作者，即工匠；第二个等级是监造番头、判官、判官高品、判官赐紫金鱼袋等，是直接检验产品质量的监督；再高的等级就是副使、副使小供奉官、使、使左监门卫将军，为更高一层的监督者。产品制成后，参与者的人名按其

[1] 齐东方，唐代金银器研究［M］. 北京：中国社会科学出版社，1999：292.
[2] 欧阳修，宋祁. 新唐书：卷四十八［M］. 北京：中华书局，1975：1269.

不同身份由低向高排列刻在器物上，表示着产品逐级检验的程序”[1]。由此可见，唐代各项制度的完善以及严密的监管系统，确保了器物生产的质量，同时，合理的培养机制使技艺在保持高水准的情况下传承和延续。

第三节　唐代首饰、金银器制作工艺的类别

一、古今制作工艺名称简介

从目前考古发现及传承有序的唐代首饰、金银器来看，其制作工艺种类繁多，同时代文献记载往往语焉不详，没有对各类制作工艺流程的解释，缺少对制作工艺的总结与归纳，不同文献记录的工艺名称也是五花八门，没有统一的称呼。根据明代杨慎在《升庵集》中转引《唐六典》（现商务印书馆出版发行的《唐六典》缺失这一部分的记载）中的记载，唐代金银工艺有十四种：销金、拍金、镀金、织金、砑金、披金、泥金、镂金、捻金、戗金、圈金、贴金、嵌金、裹金。《法门寺物帐》中记载的工艺名称有银金花、金框宝钿珍珠装、金钑花、银金涂钑花、结条等，而姚汝能编著的《安禄山事迹》中提到的工艺名称有金花银器、金镀银、金花银双丝、银织、镂银等。这样的现象给今天的研究带来了一定的困难，当然，参照今天首饰、金银器行业，全国各地对相同的制作工艺的名称也不相同，这种现象的出现古今应是同理。

通过分析考古发掘及传承有序的唐代首饰、金银器实物反推其制作工艺，结合历史文献资料中记录的制作工艺名称，在此基础上，以今天通行的命名方式来总结归纳唐代首饰、金银器制作工艺名称，主要包括铸造、錾刻、捶揲、鎏金、花丝、炸珠、模冲、镂空、焊接、铆接、镶嵌、抛光、打磨等。

二、按照工艺用途进行分类

唐代首饰、金银器的制作工艺按照工艺用途进行分类可分为器物成形工艺、制作纹样工艺、装饰工艺、连接工艺等。器物成形工艺主要有：铸造、捶揲、镶嵌、编织、镂空、模冲等工艺；制作纹样的工艺主要有：錾刻、镶嵌、镂空、花丝、模冲等工艺；装饰工艺主要有：鎏金、炸珠、錾刻、打磨、抛光等工艺；连接工艺主要有：焊接、铆接等工艺。当然，同一种制作工艺可以起到不同的作用，以模冲工艺为例，它既可以冲出器物形态，也可以冲出浮雕感的纹样。

[1] 齐东方．唐代金银器研究［M］. 北京：中国社会科学出版社，1999：282–283.

也有部分学者将铜镜、漆器、纺织品等物品中使用了金属材料制作的工艺作为制作首饰、金银器的附属工艺，如金银平脱、蹙金绣等。笔者认为这些都是其他工艺门类十分独特的工艺形式，如蹙金绣是利用黄金的延展性特点，将捻紧的金线作为丝线进行刺绣，是刺绣工艺中的一种，因此不应将这些工艺纳入唐代首饰、金银器制作工艺的研究范畴。

（一）铸造

铸造工艺主要包括范铸法、失蜡法、沙铸法等几种方法。结合目前所能看到的唐代采用铸造工艺制作的首饰、金银器来看，主要采用的制作工艺应是失蜡法。以何家村窖藏出土的12条小金龙（现存世的只有6条，另6条被盗毁）为例，其制作步骤如下：首先用蜡雕刻出金龙形态，接下来浇筑外模，阴干模具，再固化模具，同时将蜡退出，形成空腔铸范，退出蜡的过程也就是将蜡融化掉的过程，这也是失蜡法名称的由来，最后通过浇铸口注入金属溶液，冷却成型，敲掉模具，分体铸造的赤金走龙便制作而成（图5-2）。铸造工艺的优点是制作好器形的母模保存下来，便可以复制多款同一器形的首饰或金银器，直到今天，失蜡法铸造工艺依然在使用。

（二）捶揲

捶揲工艺就是利用金、银、铜等材料退火之后较软、延展性强的特点，反复捶击金属板材并使之成形的工艺方法。模冲成形法是捶揲工艺的一种变体，就是将金属板材退火后夹在用铅锌或钢材制作好的内外模具里，冲压模具，使金属板材成形，这样就弥补了捶揲工艺只能一件一件制作器物的劣势，可多件快速复制。当器形或纹样大体成形后，再用松香加细土或细灰及少量油熬制好的胶泥浇注在金银板材的背面，錾刻细节，完成器形和纹样的制作。在唐代，捶揲工艺也被称为“打作”工艺。截至目前，已知的唐代首饰、金银器中绝大多数都是采用铸造和捶揲工艺制成的。

（三）錾刻

錾刻工艺分为錾花工艺与刻花工艺，是利用金属材料延展性好的物理属性，使用锤子敲打各类形态的錾子以錾出图形纹样的制作工艺。錾花工艺是依靠錾子将金属表面捶揲、挤压成形，制作錾花的錾子需导角磨圆，以避免破坏金属表面结构，而刻花工艺的錾子是锋利的尖口，在金银表面剔线，破

图5-2 （唐）赤金走龙，何家村出土，陕西历史博物馆藏
图片来源：韩伟，《中华国宝·陕西珍贵文物集成》金银器卷，陕西人民教育出版社，1998年，第235页。

坏金属表面，刻成阴线、阳纹或镂空以制作图形纹样。刻花工艺在今天也被称为雕金工艺，雕金工艺是用锋利的錾子在金属表面剔线，如同刻章一样，将底或者纹样剔除，形成阴线或阳纹。剔底留线被称为阳纹，直接剔线成形的为阴纹。还有一种形式就是錾刻镂空，是直接将金属表面用錾子刻穿、透空，近似镂空工艺，但不同之处是錾刻镂空所使用的工具为錾子，而镂空工艺则是使用锯条切割金属，使其透空。以西安何家村出土的鎏金蔓草蝴蝶纹银钗为例（图5-3），蝴蝶翅膀底端镂空部分是将花钗固定在胶板（用松香、细土和油熬制而成的一种胶）上，用锋利的刻刀直接錾刻出来，形成透空形态，细如发丝。这也是为什么说镂空工艺是錾刻工艺的一种特殊形式的原因。

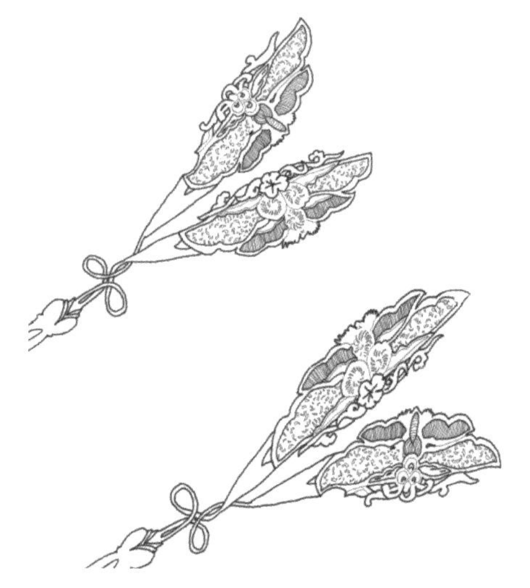

图5-3 （唐）鎏金蔓草蝴蝶纹银钗（局部），陕西历史博物馆藏，刘玮瑶手绘

錾刻与捶揲工艺既可作为成形加工工艺，也可用来制作器形的装饰纹样。以齐东方先生为代表的多数学者认为，錾刻与捶揲工艺在唐代已传至波斯、粟特等国家和地区，他在《唐代金银器研究》一书中说："西方盛行的捶揲技术也被唐代工匠全面掌握，不仅器物形态捶揲制成，器表又捶出凸凹变化的纹样轮廓，再錾刻细部纹样。"[1]但笔者通过对三星堆出土的19件金箔鱼形饰与金沙遗址出土的金箔鱼形饰（图5-4）的比对研究来看，两者造型和风格如出一辙，鱼形饰造型都为柳叶形，器形末端都有一个圆孔。三星堆出土的金箔鱼形饰中，有5件体量较大的金箔鱼形饰表面錾刻有精细的叶脉纹和刺点纹，小号金箔鱼形饰的形制与大号类似，而表面无装饰纹样。而两处遗迹同期出土的其他金银器物上都錾刻有相似的鸟、箭、鱼组合图案，例如，三星堆金杖长143厘米，其中46厘米錾刻有微笑的人物、对鸟、对鱼等图案，同时，鸟和鱼的颈部各叠压一支箭翎。这说明三星堆和金沙遗址出土的器物在造型和风格上有着许多相似之处——器物表面纹饰均为刻划而成，镂空纹饰也是反复刻划形成的，仅个别金器的表面进行了抛光处理，而且制作方式与方法也相同，主要都是由黄金捶揲、錾刻而成。图形不可谓不精美，錾刻工艺也较为成熟，可以说此时手工艺人已较为娴熟地掌握了錾刻、捶揲工艺，尽管不如唐代发达、形式多样。因此，笔者认为我国的錾刻、捶揲工艺有自身的传承体系，而且，青铜器制作工艺中的错金银工艺与金银器制作工艺中的刻花工艺类似，都是用铁錾子在金属表面刻槽，所不同的是错金银工艺需在青铜槽内填上金

[1] 齐东方. 唐代金银器研究［M］. 北京：中国科学社会出版社，1999：3.

银丝，然后打磨成形，而金银器錾刻工艺中的刻花工艺则无需填丝，錾刻结束即制作完成。

综合而言，唐代的錾刻与捶揲工艺体现了中外技术的融合与发展，技术性与艺术性达到了高度的统一，正是这两种工艺的成熟，使唐代首饰及金银器制作工艺成为不同于青铜铸造的独特工艺门类，并将其推至历史巅峰，影响至今。

三星堆遗址出土

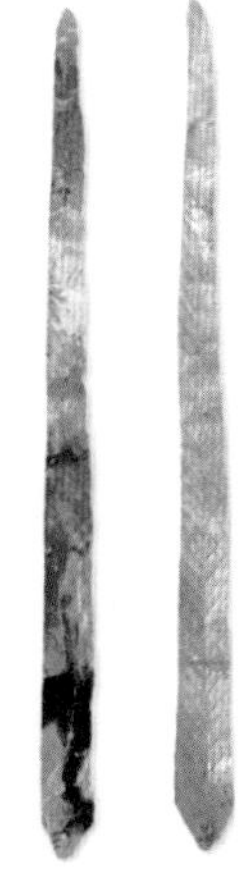

金沙遗址出土

图5-4　金箔鱼形饰

图片来源：四川广汉三星堆博物馆，成都金沙遗址博物馆，《三星堆与金沙：古蜀文明史上的两次高峰》，四川人民出版社，2010年，第85、91页。

（四）镂空

镂空工艺也就是锯掉设计中不需要的部分，形成透空的纹样或制作成平面二维的形态。目前已知的全球13件唐代金银香囊纹饰都是采用镂空工艺而成，镂空工艺既减轻了香囊的重量，同时也将香气通过镂空的孔洞散发出来。法门寺出土的银茶笼子也采用了镂空工艺，银茶笼子主要是用于储存茶饼，镂空部分可以起到透气风干的作用，防止茶饼发生霉变。也就是说，镂空工艺既满足了实用功能的需要，同时还可以起到装饰作用，实用性与审美性兼得。

（五）鎏金

鎏金工艺分为整体鎏金工艺和局部鎏金工艺两种形式。鎏金工艺就是将薄金片剪成碎片，将薄金碎片与水银按照1：7的比例放在坩埚中，并加热至600摄氏度，熬制成金泥，然后在金泥中倒入适量硝酸，并将其涂于所需鎏金的器物表面，再用木炭火烘烤器物，使金泥中的水银挥发掉，最后用玛瑙刀抛光器物表面，完成鎏金工艺。

（六）花丝

花丝工艺是指采用编、织、堆、垒、掐、搓等技法，将金、银、铜丝按照设计好的造型、纹样制作成首饰与器物的工艺，根据不同的制作工艺技法，可分为掐丝工艺、织金工艺等。花丝工艺既可以制作器物表面的图案、纹样，如何家村出土的金梳背，也可以编垒成立体雕塑式的器物，如法门寺地宫出土的金银丝结条茶笼子等。

（七）炸珠

炸珠工艺是把金银材料拉成丝，剪成若干长度相等的小段，再将其熔融倒入水中，使之变成金、银珠，然后用两块木板碾研、搓揉，使其变成正圆形，最后将金、银珠焊接在金属表面。炸珠工艺既可按照图形焊接成装饰纹样，也可以制作出如同鱼子纹的肌理效果，何家村窖藏出土的半月形金梳背（图5-5）和贺若氏墓出土的梯形金梳背（图5-6）为其经典案例。

图5-5 （唐）半月形金梳背，何家村窖藏出土，陕西历史博物馆藏
图片来源：韩伟，《中华国宝·陕西珍贵文物集成》金银器卷，陕西人民教育出版社，1998年，第173页。

图5-6 （唐）梯形金梳背，陕西咸阳机场贺若氏墓出土，陕西省考古研究所藏，魏思凡手绘

（八）焊接、铆接

焊接和铆接工艺，分别是热加工连接工艺和冷加工连接工艺。焊接工艺就是通过熔融焊药来连接活件，明代方以智在《物理小识》中对于焊接工艺有如下记录：“以锡末为小焊，响铜末为大焊，焊银器则用红铜末，皆兼硼砂。”[1] 硼砂是焊接工艺的助熔剂，大焊即高温焊接、小焊则是低温焊接。依据方以智的观点来看，今天有学者认为大焊是通体加热、小焊是局部加热的焊接方法是一种错误的观点。

铆接工艺则是使用金、银制作铆钉的冷加工连接工艺方法，如沙坡村素面筒形银带把杯和金银香囊的活动轴都用了铆钉固定。

[1] 方以智. 物理小识［M］. 上海：商务印书馆，1937：188.

（九）打磨、抛光

打磨、抛光工艺是器物成型之后，使用锉刀、砂石条、木炭、玛瑙刀等工具对粗糙的金属、玉石表面进行打磨，去除毛糙部分，使其变得光滑的制作工艺。同时，在唐代便已经出现了简单的机械车床，如琢玉时使用的水凳子。

三、唐代金镶玉工艺

（一）概念及范畴

金镶玉，顾名思义是金与玉的结合体。金镶玉工艺在传统玉文化的基础上丰富了唐代首饰、金银器加工工艺形式的多样性。“镶，以物相配合也，嵌者，以物陷入也。镶嵌者，即以金石贵重之物钉入木器内，成为有意义之图案或图画也”[1]。金镶玉制作工艺主要分为以金为载体的金上嵌玉，以玉为载体的玉中镶金、玉内错金、玉上包金以及金穿玉等几种类型。特别要说明的是，在此所探讨的金镶玉工艺主要是制作首饰类饰品的工艺，由于玉器摆件、印石等都不属于首饰、金银器的范畴，所以不予以展开论述。

（二）金镶玉工艺的类别

1. 金上嵌玉

唐代也将金上嵌玉称为“金筐宝钿”，类似于今天的花丝镶嵌工艺，就是按照设计好的纹样图形将金、银扁丝掐制成“金筐”，然后焊接在器物表面，最后将宝玉石、珍珠或琉璃等材料镶嵌在金筐里的一种工艺。在法门寺出土的石函和宝函金筐内便镶嵌有宝石和珍珠，并且在同期出土的《物账碑》上明确记录有“金筐宝钿真珠装”的名称。

2. 玉中镶金

玉中镶金工艺就是将玉石根据镶金图形琢磨出空窗底，并将其打磨抛光，将玉石作为器物的框梁，然后将采用金筐宝钿工艺制作完成的金饰嵌入玉梁框内，用玛瑙刀压实，使其吻合。金镶玉起梁的规定我们可以从《新唐书·车服志》记载中看到：“起梁带之制：三品以上，玉梁宝钿，五品以上，金梁宝钿。”[2]1992年在陕西省长安县南里王村窦皦墓出土，现收藏于陕西省考古研究院的玉梁金筐宝钿真珠装蹀躞带（图5-7）就是利用该工艺制作而成的经典器物，除玉带扣是琢玉工艺制作完成之外，其他十三块带銙（圆形、方形、忍冬型）都采用了玉中镶金工艺。这件蹀躞带是目前考古发现的唐代玉腰带中制作工艺与艺术形式最为华美的一件，在级别和规格上相较何家村出土的十来件玉腰带更高。

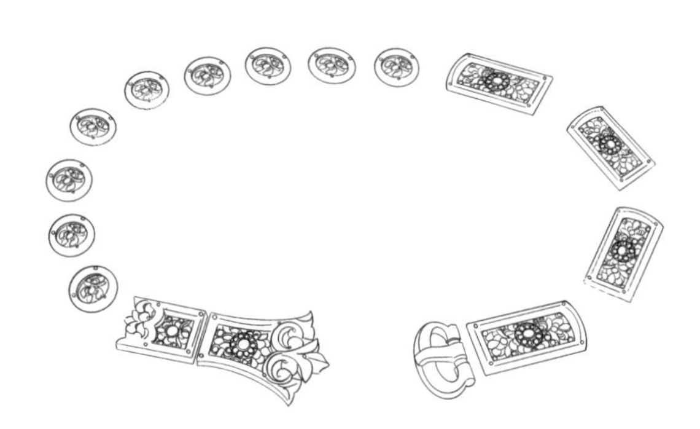

图5-7 （唐）玉梁金筐宝钿真珠装蹀躞带，西安窦皦墓出土，李晓月手绘

[1] 赵汝珍．古玩指南：玉器·镶嵌［M］．沈阳：万卷出版公司，2005：8.
[2] 欧阳修．新唐书：卷二十四［M］．北京：中华书局，1962：529.

3. 玉内错金

玉内错金工艺是在玉石表面琢出图案所需的凹槽，然后将金丝或者金片嵌入凹槽，用玛瑙刀或钢棒压嵌金丝使其与凹槽完全契合，达到严丝合缝的地步，最后将玉石表面用砂石条、木炭进行打磨和抛光，形成金、玉两色的装饰纹样。这种工艺技法是借鉴青铜器的金银错工艺而形成的，两者不同之处是一个在玉底上开槽，另一个是在青铜底上开槽，其他步骤则完全相同，因此有时也将玉内错金工艺称为“金银错嵌宝”工艺。也有学者将这种工艺称为“玉内嵌金”，但镶嵌工艺与金银错工艺有着较大的差距，笔者认为以玉内错金工艺命名这项制作工艺更为贴切。1980年在陕西省西安市北郊唐大明宫遗址出土的，现藏于陕西省西安市文物局的唐代白玉嵌金佩（图5-8）就是使用玉内错金工艺的典型代表作品，白玉佩上的金质勾连云纹就是采用金银错工艺制作而成的。

在此要特别说明的是，“玉内错金”与“玉上描金”是两种有一定相似性，但又性质不同的工艺，两者都需要在玉上开一个槽，且金玉结合的视觉效果也有一定的相似性，但其最本质的区别是玉上描金工艺使用的是液态金泥（同鎏金工艺的金泥），而玉内错金工艺使用的是固态金属丝。陕西省临潼区西泉乡椿树村唐惠昭太子李宁墓出土的127枚玉哀册就是运用玉上描金的工艺制作而成，先在玉册上刻字，然后在字内描金，严格意义上说，描金工艺不属于金镶玉工艺，而是一种装饰手法。

4. 玉上包金

玉上包金的工艺是以玉为主体，将金包在玉的表面。何家村出土的镶金兽首白玉镯（图5-9）和鎏金包铜嵌宝白玉镯（图5-10）都是采用玉上包金工艺制作而成的。

5. 金穿玉

金穿玉工艺是将玉或者宝石打孔，然后用金属丝串接成一件首饰。陕西礼泉县陪葬昭陵的三品亡尼墓出土的白玉钩（图5-11）正是使用金丝将两个花蕾形金帽和两颗白玉珠及一块白玉钩串接而成，是金穿玉工艺作品的典型案例。

图5-8 （唐）白玉嵌金佩，西安市北郊张家湾大明宫遗址出土，李晓月手绘

图5-9 （唐）镶金兽首白玉镯，何家村窖藏出土
图片来源：齐东方，申秦雁，《花舞大唐春》，文物出版社，2003年，第219页。

图5-10 （唐）鎏金包铜嵌宝白玉镯，何家村窖藏出土，段丙文拍摄

图5-11 （唐）白玉钩，陕西礼泉县陪葬昭陵的三品亡尼墓出土，昭陵博物馆藏，伍佰燃手绘

第四节 对唐代首饰、金银器手工艺精神的学习和借鉴

唐代手工艺人一方面继承商、周、秦、汉一脉传承的中原传统文化，另一方面以多元、开放的心态积极学习外来文化，在接纳外来文化的同时，积极将其优秀元素融入自己的传统文化中，同时又不受外来文化的桎梏。通过不断提升技艺，唐代手工艺人由技入道，达到“器以载道”的最高从业境界。

《考工记注释》中如此描述制作工艺的重要性：“天有时，地有气，材有美，工有巧。合此四者，然后可以为良。”[1]要想加工制作出优质产品，必须有掌握高超加工技艺的手艺人，用他的“巧思”“巧手”“巧心”加工制作。而唐代首饰、金银器的制作完美阐述了“工有巧”这一观念，将工艺与艺术、材料、时间、契机完美结合。但由于受传统的重道轻器的哲学观、价值观的影响，精美绝伦、美轮美奂的唐代首饰、金银器在唐代文献资料中也没有具体翔实的记录，对其研究只能依托考古发掘与传承有序的器物。唐代首饰、金银器浅层次呈现给我们的是制作工艺，是一门技术，其深层次是中国文化和中国智慧的载体。以今天首饰、金银器的制作工艺及过程等为参照，对唐代的制作工艺进行反推，探寻唐代能工巧匠们为我们留下的文化基因，从而更好地展示、体现“工巧”的核心文化价值。

唐代首饰、金银器无论是器型、纹样、材料还是制作工艺，都是对这一时期社会发展、人文环境、思维方式的呈现，如法门寺鸳鸯纹鎏金大银盆、镇江丁卯桥鎏金龟负论语酒令筹筒、窦皦墓玉梁金筐宝钿真珠装蹀躞带、何家村狩猎纹高足银杯及金梳背等。出土的唐代首饰、金银器不仅数量多、分布广泛，而且每件首饰、金银器的艺术成就、工艺水平都达到了极高的水准，是唐代手工艺的杰出代表作品，也侧面反映出唐代拥有一大批从事首饰、金银器加工制作的优秀手工艺人，既有官作也有行作，有着良好的传承机制。

在欣赏和叹服唐代精湛手工艺的同时，深层次挖掘其内在规律——他们是如何进行造物？造物的内在规律是什么？器物的比例、结构、纹饰是通过什么样的方式和手段来实现的？通过学习和借鉴唐代首饰、金银器加工制作工艺，将“精工细作”手工艺精神进行创造性转化与创新性发展，不断创新品种、提升品质、打造品牌。这种学习并非生搬硬套地将当代设计观、价值观、生活方式、消费理念与唐代首饰、金银器制作工艺强行融合，简单地挪用传统元素，而是在学习过程中特别注重平衡科技与生态、自然环境与人文习俗、地域文化几者之间的关系，最终设计制作出契合时尚流行趋势的产品。在设计制作过程中要注重对新工艺、新材料、新观念的表达，呈现出多维度的面貌特征，在作品中重塑当代人文价值、审美价值观。

---

[1] 张道一. 考工记注译［M］. 西安：陕西人民美术出版社，2004：7.

今天的手工艺教育模式与传统手工艺师徒制存在较大差异，值得我们思考，特别是后者在技艺传授过程中是如何培养伦理道德、价值观念、独立意识的，师徒之间与师兄弟之间的长幼尊卑，以及行规是如何在潜移默化中得到传承的，在造物过程中，器物的形体、纹样又是如何承载一个阶层的物质生产、信仰禁忌、情感伦理、吉凶祸福观、日常生活方式、乡俗民风的。同一阶层人群对手工艺品的需求必然受其所处社会地位、文化圈层，以及该阶层拥有的共同价值观和审美取向的制约和影响，这也是为什么江苏镇江丁卯桥、浙江长兴长辛桥出土的首饰有众多相同款式的原因。手工艺人在服务不同阶层人群的同时，也要关注相同群体共同的价值观、审美观。这是在当代手工艺教育中严重缺失的部分，是值得我们学习和借鉴的地方，如我们不梳理清晰这些内在的传统文脉，我们对传统文化的当代转化只会流于表面。

总而言之，希望通过对唐代首饰、金银器制作工艺的解读，深入研究錾刻、捶揲、金镶玉等工艺，最终起到抛砖引玉的作用。通过对器物造型、纹样、制作工艺的深层解读，以具体的文化载体认识传统文化体系，从文化脉络中探寻未来文化发展的可能性。我们回顾历史，不只是简单地记住这些历史画面，更重要的是要从唐代首饰、金银器制作工艺及其制作过程中提炼精华部分，为我们今天的手工艺发展提供一个前行的参照物。向传统手工艺学习不是简单地抄袭和借鉴表面符号，而是不断突破原有的材料与技艺规范，立足当代文化语境，将对传统手工艺的解构与重构，与当代设计观以及时尚流行趋势融合，实现唐代首饰、金银器所承载文化艺术形式的当代转化与创新，从而完成造物价值体系的建构，这是研究唐代手工艺及手工艺精神的时代意义和价值所在。

第六章

唐代首饰、金银器中的文化交流

第一节 概述

在张骞出使西域之前，以先秦时期为时间主轴的造物活动，也或多或少地存在着东西方文化的交流，但自发的、原始的造物活动多为本土、本民族的，少有文化交流现象，也就是说旧石器时代至西汉早期，造物活动所产生的器物形制、纹样、制作工艺等多为先辈们在茫茫黑夜中独立摸索出来的。丝绸之路开辟之后，东西方文化交流频繁，相互影响，在唐代的造物活动中折射出越来越多受外来文化影响的元素。以炸珠工艺为例，最早使用该工艺的是伊特鲁斯坎人，在战国时期传入我国，至西汉时期发展成熟。外来文化的传播，最大的影响是让唐代造物活动有了新的视角，传统五爵酒器的形制被高足杯替代就是典型案例。进一步来说，唐代首饰、金银器造物活动的价值观、审美观、造物理念必然受到了本土文化和外来文化的双重影响。

唐代首饰、金银器与外来文化的相互影响及融合，从器形、纹样、制作工艺、材料等方面多维度地体现了中华文明在前行的过程之中，秉持着多元一体、兼收并蓄的发展理念。文化交流往往都是双向的，唐代在吸收外来文化的同时也积极将传统文化向外传播。唐代首饰、金银器的制作，一方面汲取印度、波斯、粟特、大食、突厥等国家或地区的优秀文化，学习其先进的制作工艺、器形、纹样等，特别是錾刻、捶揲工艺与我国传统金属工艺的融合，为手工艺发展注入了鲜活的血液，快速推动了唐代首饰、金银器步入巅峰时期；另一方面又向突厥、吐蕃、南诏、朝鲜、日本等国家和地区，通过战争、和亲、朝贡、赏赐或贸易等方式进行文化传播。将唐代首饰、金银器及国内外相同或近似的器物进行比对研究，“新奇的外来之物之所以能够在当时引起人们的极大兴趣和关注，并不在于这种物品的本身价值高低，而在于这类物品对于当时人们的思想观念和想象力所产生的强烈的影响。外来物品的物质形体可能很快就会消失，但是它在人的头脑中留下的印象，对于人们思想观念的影响，却会通过诗歌、小说、绘画以及各种各样的仪式等媒体的作用而长久地留存下来，从而影响接收这些物品的民族当时的或后世的社会生活和文化，并最终成为这些民族本土文化的一个有机的组成部分。研究外来物质文明的主要意义并不在于这些物品的本身，而是在于这些物品对人们的思想观念和行为方式所产生的影响。”[1]

以现收藏于内蒙古博物院（原收藏于赤峰市喀喇沁旗博物馆）的卧鹿纹金花银盘

[1] 爱德华·谢弗．唐代的外来文明［M］．吴玉贵，译．北京：中国社会科学出版社，1995：6.

（图6-1）、收藏于河北博物院的鎏金芝鹿纹菱花形银盘（图6-2）、收藏于日本正仓院的鹿纹葵花形银盘（图6-3）和中国嘉德香港2015秋季拍卖会的拍卖品高浮雕卧鹿纹葵口大金盘为例（图6-4），这四件金银盘器形都采用捶揲工艺制作成形，纹饰采用錾刻和鎏金工艺，主体纹样以肉芝状单角梅花鹿为中心进行构图布局，多曲金银盘盘沿錾刻植物纹样，且底纹为唐代首饰、金银器中常见的鱼子纹。简而言之，这些器物在器形、纹样、制作工艺、画面布局、装饰手法等方面都十分近似，特别是文化属性都相同。从王维坤《试论日本正仓院珍藏的镀金鹿纹三足银盘》一文中的观点来看，“从目前所发表的考古资料来看，唐代比较流行肉芝状单角鹿和‘无角无斑’的牝鹿……肉芝状单角鹿纹图案是中国唐代金银工匠吸收、模仿古代西方分叉形单角鹿而创造出来的一种别具风格的‘中国化’鹿纹图案”[1]。因“鹿”与“禄”同音，加上鹿本性善良、温和，符合农耕民族的传统习俗、思维方式、价值观念、大众审美习惯等心理需求，因此，鹿在我国从古至今都被视为瑞兽，有祥瑞之兆，以象征爵禄。从造型上看，鹿身采用捶揲工艺形成浅浮雕，结合錾刻出的边缘轮廓线进行塑形，鹿的颈部较长，鹿角呈肉芝状，头部与颈部多构成回首、前视、缩颈三种姿态，整体形态呈现出卧鹿、立鹿或奔鹿三种形式，造型手法写实。鹿的五官、额角、腮部、蹄子等细节多用较短的阴线錾刻，形态结构刻画得十分准确，线条流畅生动，同时采用粗细线条相结合的表现手法，用粗线条塑造鹿的外轮廓线，而用细密的短线塑造柔软的体毛与斑纹，线面结合的造型手法强化了鹿纹的艺术表现力。

这种以鹿为中心展开创作，且艺术风格、造型手法、制作工艺、文化价值观等大多相近的程式化范式对后世影响深远。“唐代及早些时候输入的这些外来金银器，以异样的造型和纹样风格使人耳目一新，为唐代金银器的发展奠定了坚实的基础。这些器物对中国的价值，超出了器物的使用功能，极大地影响了中国人的观念，使汉代以来中国传统文化在缺乏内在更新动力时，找到了突破传统的契机。”[2]

同时，从考古发掘出的唐代首饰、金银器分布广泛的特点可以得出以下结论：

（1）金银鹿纹盘的制作和使用具有普遍性，从器形到纹样、制作工艺等各方面都体现着东西方文化的融合；

（2）唐代首饰、金银器所承载的文化不仅在地域轴线上向外传播，对日本、朝鲜及东南亚诸国影响巨大，同时也在时间轴线上向下传播，对后世影响巨大，如金银高足杯酒器替代了唐代之前中国传统酒器的形制，直至今天仍在使用。

[1] 王维坤．试论日本正仓院珍藏的镀金鹿纹三足银盘［J］．西安：考古与文物，1996(5)：47-62.
[2] 齐东方．唐代金银器研究［M］．北京：中国社会科学出版社，1999：299.

卧鹿纹金花银盘（整体）

卧鹿纹金花银盘（局部）

图6-1 （唐）卧鹿纹金花银盘，内蒙古博物院藏，段丙文拍摄

图6-2 （唐）鎏金芝鹿纹菱花形银盘，河北博物院藏，刘雅宁手绘

图6-3 （唐）鹿纹葵花形银盘，日本正仓院南仓藏，刘雅宁手绘

图6-4 （唐）高浮雕卧鹿纹葵口大金盘，刘雅宁手绘

第二节 佛教文化对唐代首饰、金银器的影响

自佛教文化于东汉末年传入我国之始，便开始了与我国本土文化不断地相互影响、融合与发展的进程，也就是佛教文化“本土化”“民族化”的进程，直至唐朝完成融合后，形成了“儒释道”并存的“新中式”文化体系、面貌及文化传统。

佛教文化不仅在政治、宗教、思想、文化、哲学等方面对我国本土文化产生了深远影响，塑造了中华文化的独特内涵，更是在文学、音乐、建筑、艺术等方面为中华文化注入了新的血液。佛教文化与儒教、道教文化的融合，对唐代首饰、金银器器形、纹样的外观特征和造型特点的影响是显而易见的，如璎珞、耳坠及臂钏，以及保存佛指舍利的容器金棺银椁，都折射出佛教文化与本土文化融合所产生的影响。

一、瓔珞

唐代瓔珞是典型的受佛造像影响，不断与中国传统文化元素相融合，佩戴于颈部、肩部、腰部等部位的一种首饰。主要分为两大类，一类是佩戴于颈部的项圈式、珠链式短瓔珞，在唐代，世俗女性佩戴的多是这类短瓔珞，这与唐代女性流行穿领口宽大的半臂（又称半袖）有着密切关系。穿着半臂时，常会袒露上胸，项圈式、珠链式短瓔珞正好可以装饰点缀袒露的脖子和胸口，半臂的着装形式给瓔珞提供了展示空间。另一类是披挂式的长瓔珞，包括单肩斜挂式、双肩横挂式、项圈加“U”形直挂式、项圈加“X”形斜挂式等披挂方式，这类瓔珞因其呈现繁缛华丽的特点，所以常常出现在唐代的乐舞服饰中。

莫高窟第220窟（初唐）捧香饭菩萨（图6–5）以及第158窟（中唐）涅槃变菩萨所佩戴的项圈式短瓔珞（图6–6），包括冠饰、耳饰、手镯及腰饰从形制上而言都是统一的，主要由珍珠、宝石和贵金属串联制成。目前考古发现最近似于唐代佛造像、壁画中出现的项圈式、珠链式短瓔珞的实物是1957年西安市玉祥门外隋李静训墓出土的金项链（见第二章图2–9），该项链由28个镶有小珍珠的球形金链珠组成，项坠镶有蓝宝石、青金石、鸡血石、水滴形玉石等宝石。

瓔珞作为体现唐代首饰中外来文化与本土文化融合的典型代表之一，以金属项圈为主体框架，串饰珠宝玉石，这种形制对后世项链的影响较大，直到今天依然有众多的首饰设计师在款式上模仿瓔珞的形制。

图6–5 （初唐）莫高窟第220窟捧香饭菩萨佩戴项圈式短瓔珞，李卓手绘

图6–6 （中唐）莫高窟第158窟涅槃变菩萨佩戴项圈式短瓔珞，刘敏手绘

二、耳饰

耳饰也是体现东西方文化融合的典型代表。在传统的儒家文化中，强调“身体发肤受之父母，不敢毁伤”的观念，受其影

响，因佩戴耳饰时需要对耳朵进行打孔，所以耳饰在唐代不是十分流行，在传世的唐代人物画、墓室壁画、碑刻人物等作品中十分少见描绘佩戴耳饰的场景这一点可作为佐证。并且，目前出土的耳饰实物的数量，与本土传承有序的发簪、发钗等相比，数量十分稀少。但我们可以从唐代佛教题材的壁画和雕塑中常见佩戴耳饰的人物形象，以及从我们考古发掘出的实物来看，无论是工艺水准，还是使用的材料，唐代耳饰的精美程度都不弱于其他首饰。例如，在陕西咸阳贺若氏（鲜卑族）墓出土的高3.6厘米的两枚形制相同的耳坠，黄金包镶红、蓝、绿等多色宝石，无论是镶嵌工艺、炸珠工艺、焊接工艺，还是选用宝石的名贵程度以及精美的外形，这两枚耳坠都堪称精品，与唐代其他类别的首饰处于同一高度。

东华大学研究生田华在其毕业论文《敦煌莫高窟唐时期耳饰研究》中谈到，唐朝时期的“南亚人男性、女性都有佩戴耳饰的习俗，‘耳珰’为南亚人最常佩戴的一种。回鹘男性以‘耳坠’和‘耳环’最为常见，女性以‘耳坠’为多，且造型各异；吐蕃男女皆以‘耳钉’为主，其造型及材质与当时印度耳饰颇为相似”。[1]敦煌莫高窟中人物佩戴的耳饰以及佛造像中出现的菩萨佩戴的各类耳钳、耳珰、耳坠等耳饰也是东西方文化交融、碰撞的例证。尽管在唐之前的历史时期中，汉族地区佩戴耳饰的现象较少，但唐代对外来文化的兼容并蓄，使这种现象自唐以降，佩戴耳饰逐渐融入我们的服饰文化体系中，形成了新的佩戴观。

三、金棺银椁与佛舍利宝函

法门寺地宫出土的八重宝函的第五重——鎏金四天王顶银函，放置第四枚佛指舍利的鎏金迦陵频伽鸟纹银棺，以及收藏于镇江博物馆的甘露寺铁塔地宫出土的金棺银椁，其形制都为典型的中式棺椁形制，具有中国传统文化特征。但棺椁上錾刻的纹样又明显体现出佛教文化特征，如人头鸟身或人头花身的迦陵频伽、金刚形象，脚踏莲花结跏趺坐于莲台上的菩萨形象等。我们可以将这类器物视为唐代佛教文化与本土文化融合而产生的。

法门寺出土的保存佛指舍利的容器可分为金棺银椁制式和金银宝塔制式。供奉第一枚佛指舍利的宝珠顶单檐四门金塔明显属于金银宝塔制式，而供奉第二枚佛指舍利的鎏金双凤纹银棺以及供奉第四枚佛指舍利的鎏金迦陵频伽鸟纹银棺均属于金棺银椁制式。从纹样角度来看，佛教题材的装饰纹样在诸多器物中都有出现，如法门寺地宫出土八重宝函中的鎏金四天王顶银函、鎏金如来坐佛银函、六臂观音顶金函以及同时出土的汉白玉阿育王塔、铜浮屠和鎏金伽陵频迦鸟纹银棺这4组用于盛装佛指舍利及影骨的容器，其装饰纹样包括佛、菩萨、文殊、金轮王、金刚、沙弥、迦陵频伽鸟、仰覆莲座、菩提树、华盖等形象，从场景中主体的人物纹、动物纹、植物纹到几何纹样及场景中的背景

[1] 田华．敦煌莫高窟唐时期耳饰研究［D］．东华大学，2006：1.

纹样都是典型的佛教题材，甚至包括同时出土的六件臂钏，特别是羯摩三钴杵纹银臂钏从器型到纹样也均为佛教题材。在形态的塑造上有采用圆雕造型手法制作的金属佛造像，如捧真身佛，还有高浮雕、平面錾刻纹样等多种造型手法。从制作佛教题材装饰纹样的工艺上来看，有铸造、锻造、錾刻、鎏金等多种工艺手法结合的工艺形式。

第三节　波斯、粟特文化对唐代首饰、金银器的影响

波斯历史上曾建立过多个帝国，在第一帝国阿契美尼德王朝时期（前550年～前330年），帝国共分为20个郡，粟特民族由第16省管辖，最东部毗邻新疆。因金银矿产丰富，在第一帝国时期，波斯人的金银器制作便已经非常发达和成熟。以奥克苏斯双轮黄金战车模型为例（图6-7），该车形制与秦始皇陵一号铜车马（图6-8）十分近似，都为双轮、方形车舆、驷马系驾，由一名手持缰绳的站立马夫驾车。尽管两辆车马的材料、制作工艺差异较大，但车的廓形、车与马的组合关系、马夫驾车的方式都如出一辙。在春秋战国时期，我国便已出现了“千乘之国”“万乘之国”的说法，虽然目前我们无法准确地证实两辆车马之间有何联系，但它们之间的相似之处却无法不让人联想到两者之间是否相互影响。精美的奥克苏斯双轮黄金战车也充分地展示了波斯金银器高超的制作工艺，从黄金加工的精美程度来看，波斯工匠不仅能使用黄金材料塑造写实的车马及人物形态，而且对材料和工艺的使用极其娴熟。

在阿契美尼德王朝时期，狩猎纹是波斯最常使用的纹样之一，“狩猎纹受了波斯文

图6-7　奥克苏斯双轮黄金战车模型
图片来源：（美）比尔冈著；李铁匠译.《古代波斯诸帝国》，商务印书馆，2015年，彩图。

图6-8　秦始皇陵一号铜车马
图片来源：孟剑明，《秦始皇陵探秘》，西安出版社，2011年，第54页。

化的影响……在吐鲁番阿斯塔那、西安安伽墓、太原虞弘墓墓葬中发现表现相似生活场景——狩猎图，是不足为奇的。虽然时期不同，但是表现的狩猎场景却极为相似。因为学术界早有定论认为西安安伽墓、太原虞弘墓墓葬中所表现的文化现象是经粟特人由中亚带入中原地区的”[1]。

西安何家村出土的狩猎纹高足银杯是唐代首饰、金银器中应用狩猎纹样最为典型的代表作品（图6-9），该银杯总高度为7.3厘米，其中杯腹高为4.9厘米。手工艺人将杯腹划分成三个区域，在杯口上沿及下沿都錾刻一圈缠枝纹，而不足3厘米高的杯腹中间区域则錾刻连续的狩猎图案，其中手握弓箭的狩猎者4人，马4匹，鹿2只，野猪1头，中间杂以花草，以满饰的鱼子纹作为底纹，这些图案串联成一幅完整的画面。画中正在狩猎的人物与奔跑中的马匹姿态迥异，生动形象，紧张的狩猎场面让观众隔着画面似乎都能听到马匹奔跑时急促的嘶鸣声。画面中的猎人两两一组，其中一组已完成狩猎，猎人表情轻松，而另一组画面看起来气氛十分紧张，两位猎人箭在弦上，但悬而不发，保持着高度紧张的狩猎状态。1973年在阿斯塔那墓地191号墓出土的唐代烟色地狩猎纹印花绢（图6-10），印在其上的纹样主要有狩猎者、奔兔、飞鸟及植物等形象，纹样以重复形态出现，以此推测，原作品应该是一个以狩猎活动为题材创作的二方连续的纹样，并且马匹形象是十分典型的唐马形态，马匹的鬃毛、四蹄以及奔跑的形态与何家村出土的狩猎纹银杯如出一辙，甚至包括马匹奔跑时狩猎场中紧张的氛围都非常相似，而对比萨珊王朝狩猎纹银鎏金盘（图6-11）中塑造

狩猎纹高足银杯

狩猎纹高足银杯主题纹饰局部之一

狩猎纹高足银杯局部

狩猎纹高足银杯主题纹饰局部之二

图6-9 狩猎纹高足银杯，何家村窖藏出土，陕西历史博物馆
图片来源：冀东山，《神韵与辉煌——陕西历史博物馆国宝鉴赏》金银器卷，三秦出版社，2006年，第44、45页。

[1] 张玲玲．从吐鲁番出土文物上的狩猎纹样看中西文化交流［J］．乌鲁木齐：新疆艺术学院学报，2008，6（2）：33-36.

的狩猎场景，明显能感受到两者之间艺术表现形式的差异。除去人物形态本来所属民族之间的差异，使用的兵器如弓箭、箭筒，佩戴的首饰如头巾或冠饰，以及服装的形态等都各不相同，包括马尾的捆绑方式、马头上套缰绳的方式，甚至马的臀部肌肉的表现形式都不一样。何家村狩猎纹高足银杯与阿斯塔那狩猎纹印花绢上马匹的艺术表现形式与特征整体是近似的，而与萨珊王朝狩猎纹银鎏金盘上的马匹区别明显——唐马为线刻形态，而波斯马则为浮雕形态，造型手法上采用线面结合的手法，使整体画面中唐马飞奔的速度感、姿态的矫健感所呈现出的视觉效果更加强烈，将狩猎活动高度紧张的氛围展现得淋漓尽致。

图6-10 烟色地狩猎纹印花绢，阿斯塔那墓出土

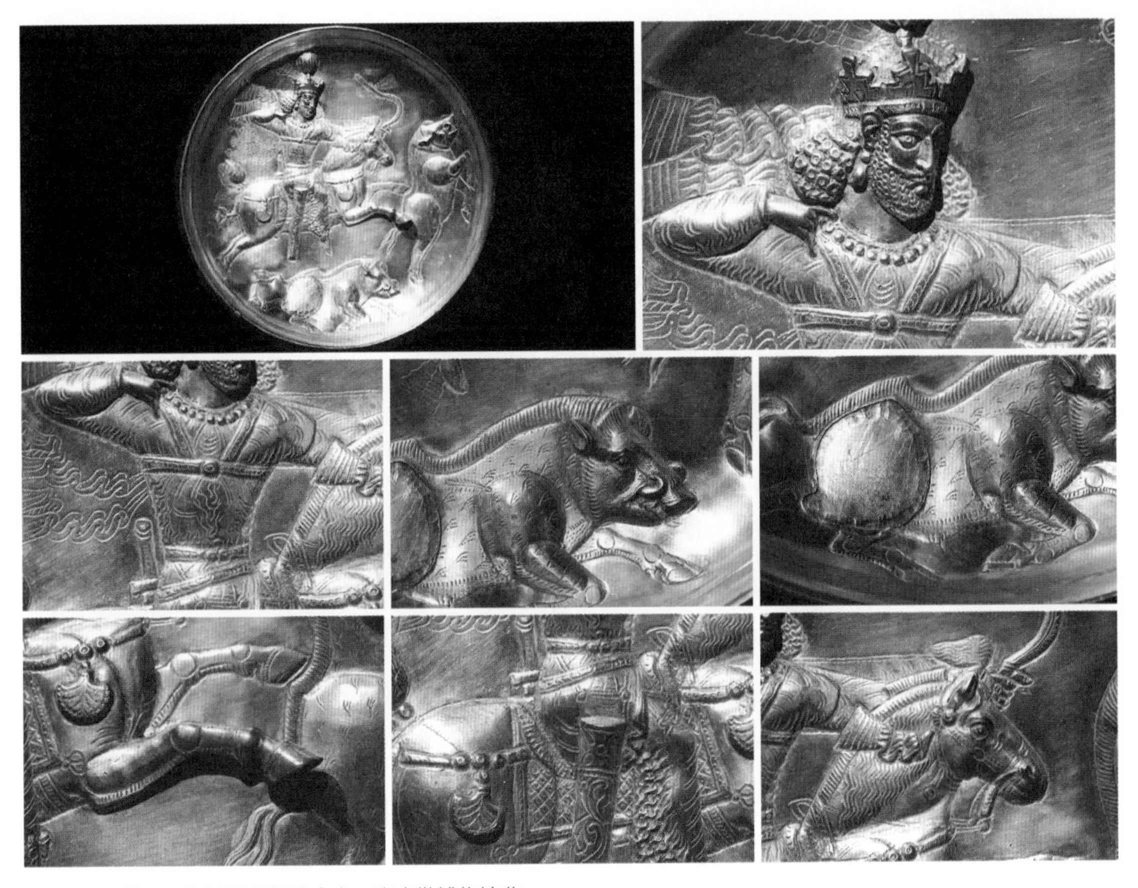

图6-11 萨珊王朝狩猎纹银鎏金盘，赛克勒博物馆藏

尽管在我国春秋战国时期，就出现了饰有狩猎、燕乐、攻战等场景的青铜器，但综合其装饰风格、画面构图形式，并对比上述三幅画面，可以看出，唐代的狩猎纹从造型、画面构图到制作工艺既深受波斯艺术风格的影响，同时又传承了传统线形语言的整体艺术风格，注重借鉴和取舍，在吸收借鉴外来文化的同时，融入传统文化并注重创新，与时代特征相结合，使之符合唐朝人的使用和审美习惯。

艺术的表现形式、表现手法并无高低之分，皆是造物者以不同的视角描绘这个世界，从而呈现出艺术的多样性，其更深层折射出的是不同审美观、世界观、价值观的差异，正是由于这些差异，才使我们的世界五彩缤纷，拥有众多各具魅力的文化与艺术形式。

第四节　唐代首饰、金银器对突厥、吐蕃、回鹘、南诏的影响

从国内外学者的研究可以得知，因突厥（公元552年～630年，682年～745年）、吐蕃（公元633年～842年）、回鹘（公元744年～840年）、南诏（公元738年～902年）与中原唐王朝在历史和地理上犬牙交错的关系，他们与中原地区通过联姻、朝贡、赏赐、战争与贸易等方式加强了文化艺术交流。以和亲和朝贡为例，文成公主与金城公主嫁入藏，宁国公主、咸安公主、太和公主先后与回鹘可汗联姻，和亲时都带有各种工匠以及各类陪嫁品。根据学者齐东方和及霍巍从《旧唐书·吐蕃传》《新唐书·吐蕃传》《册府元龟》等文献中梳理出贞观二十年（公元646年）至大和五年（公元831年）近200年的时间里，吐蕃向唐中央政府朝贡的贡品中包括有黄金、金银珠宝或金银器制品的次数达22次[1]，并且吐蕃、回鹘还通过朝贡的方式，获得了唐朝皇帝所赏赐的各种首饰、金银器，唐朝制作首饰、金银器的技艺通过工匠及赏赐品也向这些地区进行传播，为其提供了学习唐朝先进的金银器制作技艺的机会。

因突厥、吐蕃、回鹘地理位置的特殊性，与中原王朝进行文化交流的同时，他们通过与中亚各国的文化交流，将自身文化传入中原，同时也将波斯、粟特等文化带到中原地区。

在唐代首饰、金银器的制作中，除制作工艺的互相交流之外，在材料的使用上也体现着文化的流动性，如用于镶嵌的“瑟瑟”，

[1] 齐东方．唐代金银器研究［M］．北京：中国社会科学出版社，1999：297；霍巍．吐蕃系统金银器研究［J］．考古学报，2009：1：90.

著名学者谢弗认为"'瑟瑟'一词应该指的是天青石"[1]。产自巴达克山的天青石经于阗传入中原地区，吐蕃、南诏女子常用瑟瑟镶嵌首饰，南诏和吐蕃都曾向唐王朝进献过瑟瑟宝石，而何家村窖藏出土瑟瑟宝石共7块，同一窖藏出土的10副玉带銙以及陕西窦皦墓出土的玉梁金筐真珠宝细带銙中所使用的和田玉都为外来之物。除此之外，唐朝还大量进口了和田玉、犀牛角、象牙、玳瑁等可以制作成簪、梳类首饰的材料。

美国学者谢弗教授在《唐代的外来文明》一书中写道："虽然伊朗很可能是打制金器工艺的最早的发源地，而唐朝工匠制作的金器的图案中，有许多最初也必定是受到了伊朗金器的启发，但是在对唐朝文化做出了贡献的工匠中，吐蕃人占有重要的地位。吐蕃的金器以其美观、珍奇以及精良的工艺著称于世，在吐蕃献给唐朝的土贡和礼品的有关记载中，一次又一次地列举了吐蕃的大型的金制品。吐蕃的金饰工艺是中世纪的一大奇迹。"[2]

将神鸟神兽纹嵌绿松石金胡瓶（图6–12）、李家营子银带把壶（图6–13）和2件赛克勒博物馆藏的鎏金人物执壶（图6–14）进行比对，同时结合齐东方先生的《李家营子出土的银器与丝绸之路上的粟特人》与《唐代金银器研究》中的第三章"唐代金银器与外来文明之粟特体系"来看，三者之间有诸多相同之处。从器形形制来说，三者器形十分近似，出自同一种体系，可以归为一类，并且装饰纹样中都出现了联珠纹，制作工艺上都使用了錾刻、捶揲工艺。三者之间所不同的是，錾刻的纹样完全不同，从题材上来说，李家营子银带把壶和2件赛克勒博物馆鎏金人物执壶的纹样都装饰有

图6–12 神鸟神兽纹嵌绿松石金胡瓶，美国普利兹克艺术合作基金会收藏，李佳其手绘

图6–13 （唐）李家营子银带把壶，内蒙古博物院藏
图片来源：于建设，《赤峰金银器》，远方出版社，2006年，第32页。

[1] 爱德华·谢弗. 唐代的外来文明［M］. 吴玉贵，译. 北京：中国社会科学出版社，1995：500.
[2] 爱德华·谢弗. 唐代的外来文明［M］. 吴玉贵，译. 北京：中国社会科学出版社，1995：552.

鎏金人物执壶

鎏金人物执壶人物纹样之一

鎏金人物执壶人物纹样之二

图6-14 鎏金人物执壶，赛克勒博物馆藏，张文静手绘

人物形态，特别是赛克勒博物馆的2件执壶人物形态多样，有浮雕式着衣或不着寸缕舞蹈的女性，牵小孩和抱鹅的女性，整体采用线面结合的方式塑造人物纹样。李家营子银带把壶只在壶把的上端和口缘相接处焊接有一个很小的立体胡人头像，因壶身为素面，整体视觉效果极为简素，而神鸟神兽纹嵌绿松石金胡瓶因镶嵌有宝石材料，加上壶体是采用黄金捶揲而成，显得极为奢华。

尤其值得关注的是，神鸟神兽纹嵌绿松石金胡瓶上錾刻有团花孔雀形纹、团花翼狮纹，纹样的构成形式类似于中国工匠在首饰、金银器上錾刻的鸳鸯、鸿雁、孔雀等瑞鸟、瑞兽纹，将这样作为祥瑞象征寓意的风俗习惯和审美观念是近似的，并且塑造纹样时所使用錾刻线条的造型手法十分近似，这极有可能是受到了唐代首饰、金银器造物观的影响。

第五节 唐代首饰、金银器对朝鲜、日本等国家和地区的影响

唐代首饰、金银器对朝鲜、日本以及东南亚各国更多是输出型的影响。一方面是周边诸国有大量的留学生来到长安学习，并且遣唐使成为唐朝与周边诸国沟通的桥梁，另一方面通过战争、贸易的方式也将唐代首饰、金银器中高度发达的技艺与精美的器形、纹饰等传入周边国家，甚至可以说朝鲜、日本、东南亚各国的首饰、金银器很大

程度上是在对我国的借鉴和学习基础上发展起来的，并逐渐形成各自独特的风格，其中以日本奈良东大寺正仓院收藏的遣唐使带回来的一批传承有序的唐代首饰、金银器为典型代表。

现将收藏于日本正仓院北仓的礼服御冠（图6-15）与1971年西安市东郊郭家滩出土的现藏于西安博物院的金凤（图6-16）进行比对研究。两个作品中凤鸟的整体姿态有较高的相似度，都采用了“C”形构图形式，特别是凤尾的造型都饰有蔓草纹，纹饰廓形、卷曲的布局手法都十分类似。二者具有高度相似之处，一定程度上说明其有内在的联系，甚至有可能都出自相同的工坊。在日本飞鸟时代（公元592～710年）后期及平安时代（公元794～1185年）前期，学习唐文化依然是日本的主流，当时日本的许多首饰、金银器都是由中国工匠所制作，或是由日本工匠效仿唐代首饰、金银器而制成。

同样我们将日本正仓院所藏绀玉带（图6-17）与何家村窖藏出土的斑玉带銙（图6-18）对比来看，两者形制近似，正仓院所藏玉腰带上的绀玉为青金石，何家村出土的带銙上的斑玉则为和田玉。初唐《唐律

图6-15 礼服御冠，日本正仓院北仓（北仓157）藏

图6-16 金凤，西安市东郊郭家滩出土，西安博物院藏，吴琦手绘

图6-17 绀玉带，日本正仓院馆藏

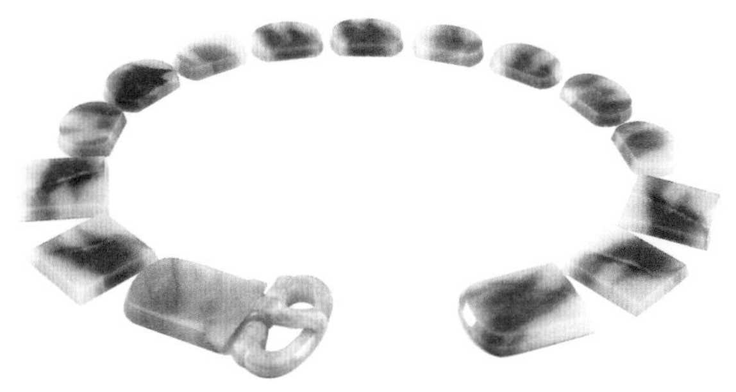

图6-18 斑玉带銙，何家村窖藏出土，陕西历史博物馆藏
图片来源：齐东方，申秦雁，《花舞大唐春》，文物出版社，2003年，第211页。

疏议》曾颁布“器物者，一品以下，食器不得用纯金、纯玉”[1]的法令，也就是说这两条腰带的象征的品级极高。

第六节 唐代首饰、金银器中的文化交流所蕴含的价值

根据前文所述，笔者不只是试图赘述如同谢佛、齐东方、孙机在《唐代的外来文明》《李家营子出土的粟特银器与草原丝绸之路》《论近年内蒙古出土的突厥与突厥式金银器》等文献中已经探讨过的唐代东西方文化交流问题。毋庸置疑，在丝绸之路上，东西方的文化每时每刻都在互动、融合之中，相互影响，并以各种方式和形态存在着。

探讨文化的融合，其目的和意义不是表象地看两者之间产生了什么样的关系以及两者之间有何联系，而是研究其深层的价值——一种文化带给另一种文化以何种变化，产生何种影响，在融合的过程中，彼此之间是如何一步一步地交融，最终被彼此接纳，然后变成一个整体。通过对融合过程、融合结果的研究，得出的结论可以作为今天我们学习、借鉴丰富多彩的世界各国文化的重要参考依据。面对形形色色的各国文化，我们既不可有傲慢与偏见，也需保持审慎的态度，也就是说我们应保持虚怀若谷的大度胸怀，积极学习各种优秀的文化，同时要保留我们民族固有的、优秀的文化特质，我们不能因学习其他文化而忘记自己的文化。通过对萨珊王朝狩猎纹银鎏金盘、阿斯塔那狩猎纹印花绢以及何家村狩猎纹高足银杯的对比，将同一类纹样的刻画和表述方式进行分析，发现其制作工艺大体相同，不同的是艺术家、匠人或器物的使用者、消费者，他们的文化审美观念、风俗习惯不同，因此站在了不同的审美视角。何家村狩猎纹高足银杯强调的是典型东方特质的、线性的艺术表达手法，如白描、书法，将艺术形态提炼、抽象为人与物的边缘轮廓，而萨珊王朝狩猎纹银鎏金盘则以一种浮雕的、立体的观念进行形态塑造。

现在，我们的诸多设计师已在实践中开始进行对传统设计观、价值观的探索，在2022年的北京冬奥会上，设计师团队已成为不可忽视的重要力量，如中央美术学院师生团队设计了冬奥会奖牌，北京理工大学毕业生设计了冬奥会火炬，清华大学美术学院负责的是冬奥会场周边景观设计，北京服装学院负责的是奥运颁奖礼服及运动员服装设计，广州美术学院设计了吉祥物“冰墩墩”等，他们都在践行“环保、低碳、天人合一”的设计理念。虽然我们开启了民族文化的全面复兴，开始通过设计实践构建文化自信，但我们的设计主体参考的还是20世纪

[1] 长孙无忌．唐律疏议：卷二十六［M］．上海：上海古籍出版社，2013：417.

包豪斯学院构建的设计体系，缺乏对我们传统的造物实践活动或《考工记》《天工开物》《园冶》等传统设计理论及设计文明史的发现性重新解读。目前中国传统的造物活动及造物观已在部分群体中普及开来，也涌现了一批很有价值的实践成果。如汉服的复兴，各高校汉服社团受到很多年轻人的追捧，但我们的整体社会环境、服饰氛围与快节奏的生活方式，还只能使我们穿着汉服停留在特定的时间与空间之中。

我们对中国上下五千年造物活动中总结出的核心造物观、美学价值评判体系尚缺乏自觉而清醒的归纳与深入讨论，更没有趋于一致的认识。在对传统文化学习的主阵地——高校设计教学中，多数设计学科的教师还没有清醒地认识到应以传统经典造物体系为价值观标准去评判设计活动，以传统设计理念进行审美评判，更加缺乏站在传统造物观的角度结合当下时代流行趋势进行活化设计的教学体系。方法论缺失的设计教学，使高校师生很难自觉地深入研究传统造物实践活动及其理论，因此我们需要站在国家文化战略高度重新构建设计教学。

回看历史，我们不只是要简单地知道、了解和掌握历史史实，获取历史资料，而是透过历史这面镜子，修正我们今天前行的道路路线，正所谓“以史为鉴，可以知兴替”。在传统的造物史中，中国人的智慧光芒万丈，但在近一个多世纪的时间里，受到大工业生产的影响，中国传统的造物观、价值观、审美观以及“天人合一”的造物价值理论体系逐渐消融在历史前进的浪潮中，这是值得每一位当代设计师反思的重大社会命题。

对唐代首饰、金银器的活化研究，我们所要学习借鉴的除了制作工艺及手工艺精神，还有如同唐朝开放、包容的时代精神，并将其作为当代设计的参考体系。站在设计学的角度，构建中式的设计观、价值观、伦理观以及中式的消费理念审美，以历史为参照，践行传统文化的重建与跨越，这是当代中国设计师的历史使命。

第七章

唐代首饰、金银器临摹与复制

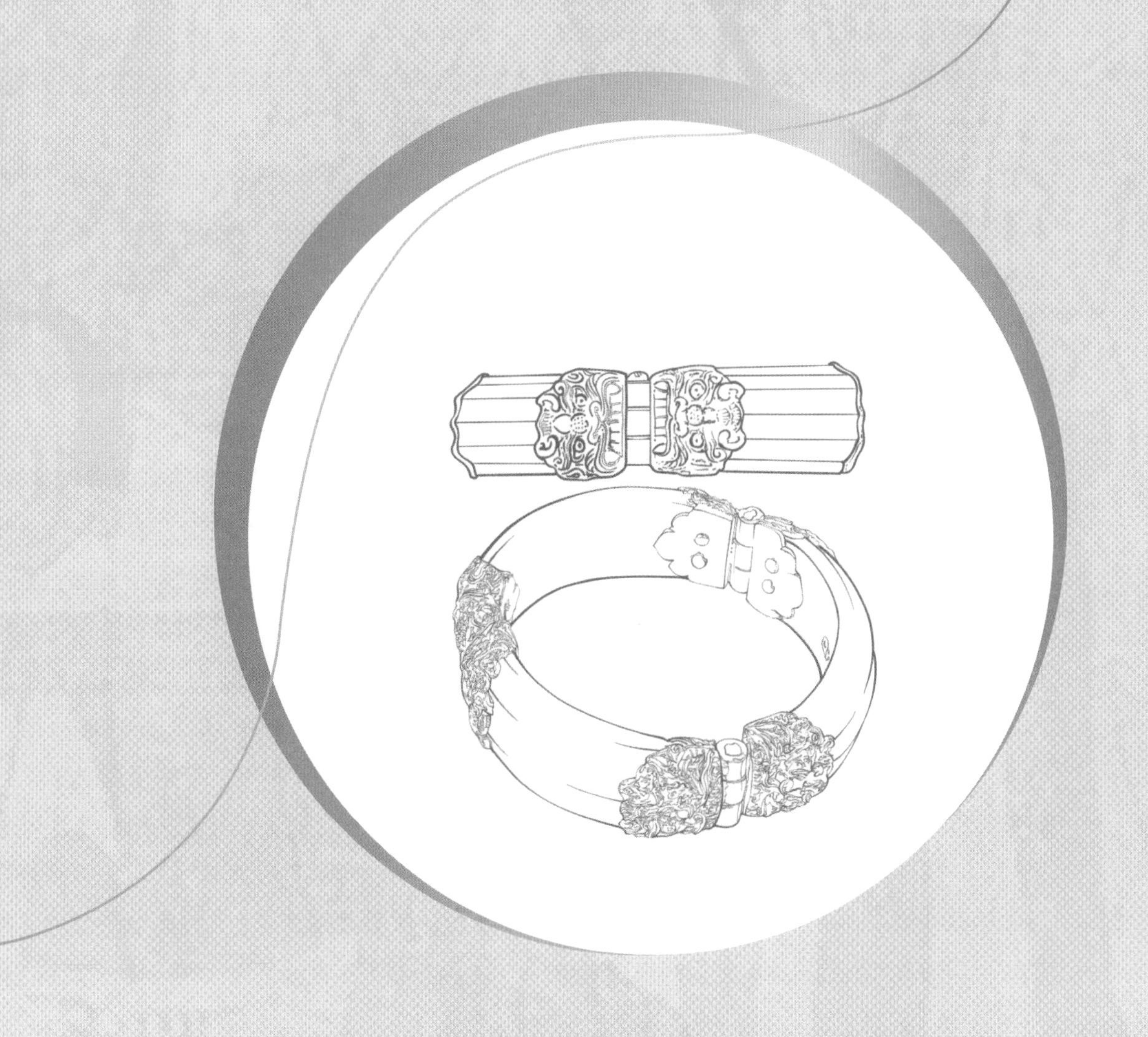

第一节　唐代首饰、金银器临摹与复制的价值

一、临摹与复制的价值和意义

临摹是向大师学习，向经典学习最直接、最有效的方法。临摹的对象既可以是前辈巨匠，也可以是同时代的大师。“谢赫六法”中的“传移模写”就是对临摹理论上的高度概括，临摹不是简单的模仿，而是与大师、巨匠内心灵魂的沟通。通过对器物形态、纹样、制作工艺的揣摩，我们可以看到唐代巨匠们是如何锻打金银板材的，錾刻的每根线条是如何达到这样一种艺术高度的，这些都需要通过临摹来体悟。临摹能够快速地让学习者达到“眼高”的水平，从“起手式”开始，以高水平的艺术境界来进入学习，临摹学习唐代首饰、金银器就是对巅峰的唐代技艺的一种传承。这样的学习方法会使我们今天的首饰、金银器设计与制作自然而然地流淌着优秀传统文化的血液。临摹不是空喊几句向传统学习，而是真正地向传统致敬。当然，我们对传统文化的学习，还应该凭着“走进去、走出来”的决心和勇气，我们不可以因唐代首饰、金银器艺术与工艺所处高度而变得一切为经典马首是瞻。我们要明白，这些优秀的工艺是为其特定时间与空间场域的使用者而存在的，特别是为皇家贵族制作的首饰、金银器，它们的使用对象是帝王将相，是宫廷。今天首饰和金银器的使用对象已不再是皇家贵族，但我们仍需学习唐代巨匠们设计、制作这些器物时严谨、细致、臻尚臻美的工匠精神。临摹学习是为了“走进”传统，而结合时代脉络向今人学习，则是为了更好地“走出来”，形成当下的时尚文化。特别是经历了20世纪全盘西化的设计教育，如包豪斯学院构建的设计体系，使我们往往容易站在西方文化的角度来审视设计，缺失了中国传统文化的设计视角。三千多年前我们就有了设计理论集大成者《考工记》巨著，我们的民族本就有着独特的设计文化视角，临摹学习唐代首饰、金银器就是要站在传统优秀文化的视角来观察、感悟古代匠人的造物观。

今天，我们能够看到精美的唐代首饰、金银器，这与其严格的技艺学习与传承体系、教学方法有着重要的关系。首饰、金银器的制作技艺在传统百工中学习难度是最高的，学习时间也是最长的，我们从《新唐书·百官志》的记载中可以十分明确这一点，“钿镂之工，教以四年；车路乐器之工，三年；平漫刀稍之工，二年；矢镞竹漆屈柳之工，半焉；冠冕弁帻之工，九月。教作者传家技，四季以令丞试之，岁终以监试之，皆物勒工名”[1]。也就是说，在唐代，学徒们学

[1] 欧阳修，宋祁. 新唐书：卷三十四[M]. 北京：中华书局，1975：879.

习首饰、金银器的制作技艺至少需要4年，并且在每年年终的考核中必须顺利通过才可以达标。

通过对唐代首饰、金银器的临摹学习，体悟其在技艺传授过程所折射出的手工艺师承关系与其蕴含的人文价值，即“一日为师，终身为父”所承载的师徒之间的伦理价值，以及手工艺人的人格与人生价值。这正如《管子・小匡》中所言：“相语以事，相示以功，相陈以巧，相高以智。旦夕从事于此，以教其子弟。少而习焉，其心安焉，不见异物而迁焉。是故其父兄之教不肃而成，其弟子之学不劳而能。”[1]

在技艺传授过程中，传统手工艺的教学过程“除了技与艺的传授，与技艺相关的待人接物、信仰禁忌、情感伦理等都需要全方位的学习。例如行为规矩、为人处世、祖师崇拜、仪式禁忌、师徒情感、吉凶祸福、善待工具、信仰传说等等，都是技艺以外的综合传授”[2]。师徒之间的长幼、伦理道德、相似的审美取向以及行规、乡约民俗等都得到了潜移默化的培养。这种满是人文与伦理价值的师承关系被当代职业化的教育模式冲淡，带有温度和情感的“手手相传”的交流被消解在统一化、模块化的现代教育模式中。手传递出的价值与温度是讲座式、互动式的当代教育模式无法提供的，传统手工艺教学是用手来传递、交流信息的，授艺过程往往少有理论讲授，很多手工艺人都亲传亲授，手把手地示范或亲自给徒弟修改、调整作品，以实操授课代替理论讲授，学徒通过观摩师父制作器物时的细节、手的微妙姿态等来学习技艺。同时，师父会根据学徒的学习进度调整授课内容。受金银材质价格昂贵等因素的影响，金银饰器制作技艺的传承相较于木工、泥瓦工等手工艺行当而言，更加强调家族式的技艺传承，世代传承，子承父业，兄弟相承。

传统的手工技艺教学模式对我们今天的设计教育模式有着重要的参考价值。当下国内的设计教育模式更多的是按照入学年级随机分班，随机安排教师，统一教学进度，无差别授课，培养模式犹如工业生产流水线上的生产模式。依照录取年份将学生随机分配在不同的班级，学生与授课教师都是相对固定的，教师授课必须依照统一的授课进度，统一的人才培养方案、教学大纲、教材、教学计划、教学目标进行，学生使用的学习工具、学习材料也都是工业化大生产出来的产品，相对统一。可以说，不同性别、不同地域、不同性格的学生所学习的内容是几乎相同的，课程结束之后的考核指标也是相同的，教师缺少培养学生个性化的环境，受考核指标的限定，也不能过多强调教育过程的差异化，无法因材施教，这样的模式下培养出来的学生整体水平差距较小，导致个性化、多样化的缺失。同时也要注意，学习我国传统民族、民间技艺，不是一味地强调恪守师徒教学模式，抱残守缺、因循守旧、拾陈蹈故，而忽略现代教育的优点。

[1] 李山译注. 管子[M]. 北京：中华书局.2016：135.
[2] 唐家路. 民间艺术的文化生态论[M]. 北京：清华大学出版社，2006：225.

二、唐代其他工艺门类对首饰、金银器的模仿和学习

今天我们进行唐代首饰、金银器的临摹学习无疑是理所应当的、自然而然的行为，但实际上，其他诸多工艺门类在唐代就开始分别从器型、纹样、制作工艺等方面向首饰、金银器进行了模仿学习。从这个角度而言，进一步说明唐代首饰、金银器取得了巨大的成就，具有极高的艺术价值、工艺价值，是唐代工艺史中一颗璀璨耀眼的明珠。

（一）唐代玉器工艺对首饰、金银器的模仿和学习

受崇尚金银饰器风尚的影响，唐朝诸多玉器的形制直接模仿金银饰器，例如何家村出土的白玉忍冬纹八曲长杯（图7–1）及水晶八曲长杯（图7–2），两者分别采用水晶和白玉材料来制作长杯，器形均呈八曲椭圆形，曲瓣对称，曲线处向器内凹入，两侧曲瓣的曲线不及底，为横向分层式的曲瓣，两者的形制与白鹤缠枝纹银长杯（图7–3）、旧金山缠枝纹银长杯相似度极高，从器形形态上而言，几者可归为同一类器物，不同的是制作材料以及器物上的纹样。

（二）唐代瓷器工艺对首饰、金银器的模仿和学习

《耀州窑》（黑龙江美术出版社）一书的作者刘谦认为，耀州窑中的刻线技法，也称划花装饰，就是借鉴和学习唐代首饰、金银器中的錾刻工艺而产生的制作技艺，同时也是一种装饰技法。根据前文对唐代首饰、金银器制作工艺的研究，结合耀州窑线刻作品来看，其学习和借鉴的是錾刻工艺中的刻线、剔线技法，即采用阴刻或阳刻的技法将

正视图

顶视图

图7–1　白玉忍冬纹八曲长杯，陕西历史博物馆藏，邵舒萌手绘

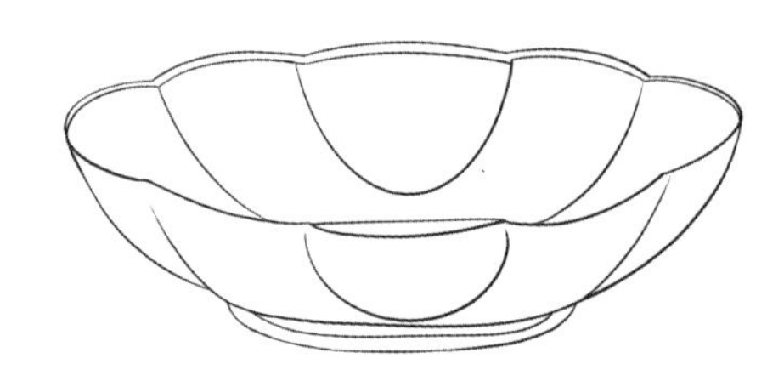
图7–2　水晶八曲长杯，陕西历史博物馆藏，邵舒萌手绘

图7–3　白鹤缠枝纹银长杯，白鹤美术馆藏，邵舒萌手绘

材料表面刻画出图案。阴刻和阳刻的区别在于，阴刻是使用线錾沿着图形案的轮廓线刻出纹样，阳刻则是将图案的底用錾子剔除，只留下凸起部分形成的纹样。耀州窑阴刻和阳刻刻线技法同唐代首饰、金银器錾刻技艺高度相似，除使用的材料与工具不同之外，其制作技艺的核心要素、制作过程及手法都如出一辙，这也充分证明唐代耀州窑刻线技法向同时期的唐代首饰、金银器进行了多维度的模仿和学习。

除制作工艺外，唐代的瓷器在器形和纹样方面也多有向同时期金银器学习的案例，如1956年陕西省西安市莲湖区白家口出土的邢窑白瓷皮囊壶（图7–4）与何家村窖藏出土的舞马衔杯皮囊银壶（见第四章图4–23），两者的形制属于同一类别，均壶身上扁下圆、平底、环形提梁，造物观基本一致。

图7–4 （唐）邢窑白瓷皮囊壶，陕西省西安市莲湖区白家口出土，陕西历史博物馆藏

第二节 唐代首饰、金银器的田野考察

一、田野考察在唐代首饰、金银器临摹与复制过程中的意义

在博物馆对着器物的临摹是唐代首饰、金银器的田野考察的重要部分，这远比对着图片进行器物器型、纹样的临摹精确。面对器物的临摹能够使临摹者站在三维立体的角度对器物进行观察，采用图片临摹只能以单一的、平面化的视角来观察，而无法全面看到器物的前、后、左、右以及上下、内外之间的形态关系。目前尚未发现已出土的或传承有序的唐代首饰、金银器的制作图纸，以及记载相应制作顺序、方式方法的文献。而诸多器物如何家村出土的玉带銙，其内在的构造较为复杂，无法仅靠外观获知其内在结构关系，如果拆解器物的各个部件来分析、推理出该器物的制作过程，则会面临损坏文物的风险，此种做法不现实，并且采用不同的工艺可以制作出相同的器形，无法判断出具体采用了何种制作工艺。基于此，我们可以通过多次田野考察，以多维度的视角来观摩器物，同时通过临摹与复制来探知

唐代工匠是以何种工艺手法制作何种器物的，包括器物制作的前后顺序，甚至可以尝试同一种器形采用不同的工艺手法来制作。现在，我们还可以通过云游数字博物馆，借助其三维图形图像技术、立体显示系统来线上观看唐代首饰、金银器。虚拟现实技术在一定程度上能够还原现场观摩的视觉效果，并且由于博物馆无法长期展览某些器物，有些器物会长期外展或需要维修保护等因素，使观众在某个时间段无法现场观摩器物，也可以通过云游数字博物馆来弥补这一缺憾，这也是田野考察一种新型有效的补充方式。

田野考察立足于梳理传统文化，考察者选取传统文化中的一个元素进行深度挖掘，强调过程性学习，并且不是简单地停留在对着展览馆或博物馆陈列的器物拍照的层面，一方面可以使用手机中的测距功能，对器物尺寸、大小进行记录，并通过器物陈列的简介，结合网络，查询器物的背景资料，另一方面可以在现场采用手绘的方式临摹器物的器形及纹样，临摹过程中，也可以简要记录现场观摩的感受。考察结束后，选取一件或几件器物，进行相关资料的收集、整理和归纳，从器形、纹样、制作工艺等角度进行深入分析，着重探析唐代首饰、金银器的形成要素、发展过程、历史流变等相关信息，深入分析其工艺美、艺术美的美学特征，以及所承载的文化现象、审美价值观、造物观等文化内涵。以小见大，架构出新的唐代首饰、金银器研究体系和理论基础，达到中国传统文化艺术与现代时尚意识相融合的目的，并依据收集整理的素材进行相关创作训练，从而拓展唐代首饰、金银器活化设计思路，最终寻找到符合自身需要的设计创作路径。

二、资料的收集与整理

（一）资料收集的前期准备

唐代首饰、金银器相关资料的收集与整理，以庞杂博览为主，可多依托网络媒介，尽可能地将一切与之相关的研究资料通过百度、Google、知网、知乎、360等搜索引擎下载、浏览并存档。

通过前期资料的比对分析，逐步确立研究方向与研究课题，特别要注重研究课题的相关性、学科交叉性、多学科共融等特点。以金庸小说中塑造的人物郭靖为例，他之所以能够成为一代宗师，就是因为他博览群书，并且分别向多位师父学习，学习各种功法，且行万里路，在学习实践中不断提升自我。在此需要指出，“读万卷书，行万里路”只是一个量的指标，其核心还要注意这“万卷书”的品级，应以经典作品为主，且实践中要多师造化，以大师为师，正所谓“师法其上得其中、师法其中得其下”。从金庸先生的作品中也可以看出，郭靖早期的武学师父为三流之辈，教学方式、方法、手段有限，而后期学艺所拜的师父都为一代宗师，且郭靖能持之以恒地不断练习，这也就是我们今天所说的“一万小时定律”。从这一点可以看出，金庸先生同样认为读书要有“仰之弥高、钻之愈坚”的精神，不应以微信、微博等社交媒体平台上的文章为衡量的标准，当以某个领域研究的经典文献为基础并向学科外延拓展延伸。例如对唐文化的研究，应以陈寅恪的《隋唐制度渊源略论稿》《唐代政治史述论稿》，向达的《唐代长安与西域文明》，以及齐东方、荣新江、尚刚等先生的研究为基础，向外延伸。

（二）资料的归纳与整理

归纳研究法、比较研究法的运用在此阶段尤为重要，比较的目的就是“货比三家”，确立研究的高度。任何学者的学术观点都只是一家之言，不可盲目追随，作为一个文化研究者，当有自身的自信与内在的骄傲，相信自己能超越大师，或至少有与大师不同的研究视角，学术研究不是随波逐流，我们更不应成为大师们的学术随从。当然，我们也不可盲目自大，要多向大师学习其闪光点，同时，要有一双火眼金睛，辨别出大师们的短板与不足，他们是我们的学术研究标杆，学术研究过程中的参照者，也是我们学术之路上的灵魂伙伴，我们同样要将他们作为我们学术之路前进的磨刀石，砥砺我们前行，翻越一座座高山，并最终建立起自己的学术小高地，即便只是一个小丘。

研究目标确立后，当以田野考察法、调查研究法、文献与实物相互佐证，以及摄影、绘画、表格统计等多种研究方法和手段深入探究。如果说前期的研究是横向铺排，这一阶段的研究当以深度挖掘、纵向探究为主，多借鉴其他学科的研究方法，如借鉴社会人类学田野考察的方法和视角调研唐代首饰、金银器艺术特色，以及其折射出的唐代人文、艺术以及社会生活等文化习俗；抑或采用图表式研究方法梳理准确的数据，如器物的大小、重量等；甚至可以借鉴物理、化学的技术手段来分析器物的制作材料等。这是为自己确立研究目标，建立学术高地，并向深度挖掘的一个阶段。假设我们将研究的过程比喻为盖房子，这就是一个“挖地基”“长树根”的阶段，涉猎了多少文献，测量了多少器物，也就意味着地基打了多深，这些都将成为我们未来高楼大厦的“基”，参天大树的“根”。这是一个打基础的过程，广、博、纵、深都有了，我们的“房子”即学术高度自然而然就会滋长。

感性创作与理性研究是背道而驰而又同向同行的，思考它们的方法、手段不同。感性创作更强调瞬间灵感的迸发，是一种跳脱式的思维，且需要极强的敏锐度来捕捉灵感，灵感往往稍纵即逝，而理性研究则是一个漫长的甚至有些枯燥的过程，需要冷静、理性的思考与行动，建立一个逻辑体系，然后沿着自己建立的体系坚贞不渝地前行，国内外同行的研究成果都是我们砥砺前行的参照物。因此，基于感性创作与理性研究的不同，我们可以发现，创意设计大师多青春年少，活力四射，但他们的作品与光芒多呈现点状，而研究者多通今博古，青山不老，他们的成果往往成体系地得以留存。

第三节　唐代首饰、金银器临摹与复制的角度及方法

一、制作工具的学习与借鉴

对唐代首饰和金银器的学习包括对制作工具（图7–5）的学习和借鉴，一方面要学习工匠使用的錾子、锤子、戗刀等工具的形态，另一方面还要学习工匠们使用工具、保养工具的方法。

在大工业化时代之前，匠师们使用的工具多数是自己或者附近的铁匠手工打制而成，也就是说行业内的工具并无标准体系。尽管我们今天无法看到唐代金银饰器制作师所使用的工具是什么形态，但我们可以根据当下国内外首饰、金银器制作大师所使用的工具形态，结合分析出土实物的工艺留痕，反推出唐代錾子、锤子或其他工具的大致形态。以錾子为例，根据錾子口形态的不同（有方面、圆面、异面等多种形态）大致可以分为线錾、面錾、鱼子纹錾等，而根据錾身表面纹理的不同又分为麻花錾、素面錾等。工具形态的差异性一方面说明因器物、纹样形态的差异，需要不同的制作工具匹配其形态，另一方面折射出不同工匠的制作工艺手法也不一样，也就是说，即便是制作相同形态的器物，不同的工匠也会有不同的制作手法，正所谓"殊途同归"。唐代对于工具的临摹学习多采用师徒制教学方式，工匠在学徒阶段，师父要求其严格按照自己制作的工具进行一比一的临摹（图7–6），包括工具的大小、形态、导角圆滑程度以及打磨抛光的光洁度，这些都是衡量其临摹是否准确的标准。学会磨制基本工具后，在给师父打下手制作各种活件的同时，师父会让学徒利用边角料从临摹平面图案开始打作，比如器物局部的一个花头、一匹奔马等，逐步学习体悟錾花与刻花的区别，通过不断地观摩工具形态与师父及师兄弟对工具的使用及磨制方法，在临摹器形、纹样的过程中体悟工具的使用方法，同时结合自身手掌大小、发力角度、手握工具的姿态等特点，对工具形态进行微调，磨制出符合自身需要与特点的工具，以便使用时更加顺手。于是，具有个性化差异的手工工具在技艺学习及器物制作的过程中逐渐形成，等到出师之日，一整套与师父既有共性，又有差异性的工具也就磨制完成了。

当然，工具的临摹学习从浅层次而言，是对工具形态的临摹，而深入探究则发现，工具的临摹学习也是学艺的开始，包括学习一丝不苟的行业精神、行业规范、行业禁忌、手工从业者的品格等。同时，师父也会以此判断一个学徒是否适合这个行业，心浮气躁者、粗心大意者在这一阶段便被淘汰。

二、粉本、纸样、课图稿的学习与借鉴

工具临摹学习阶段，师父对首饰、金银器制作技艺的传授还采用临摹粉本、纸样、课图稿等形式，所临摹的"粉本""纸样"多为收集整理的前代大师作品或同时代的优

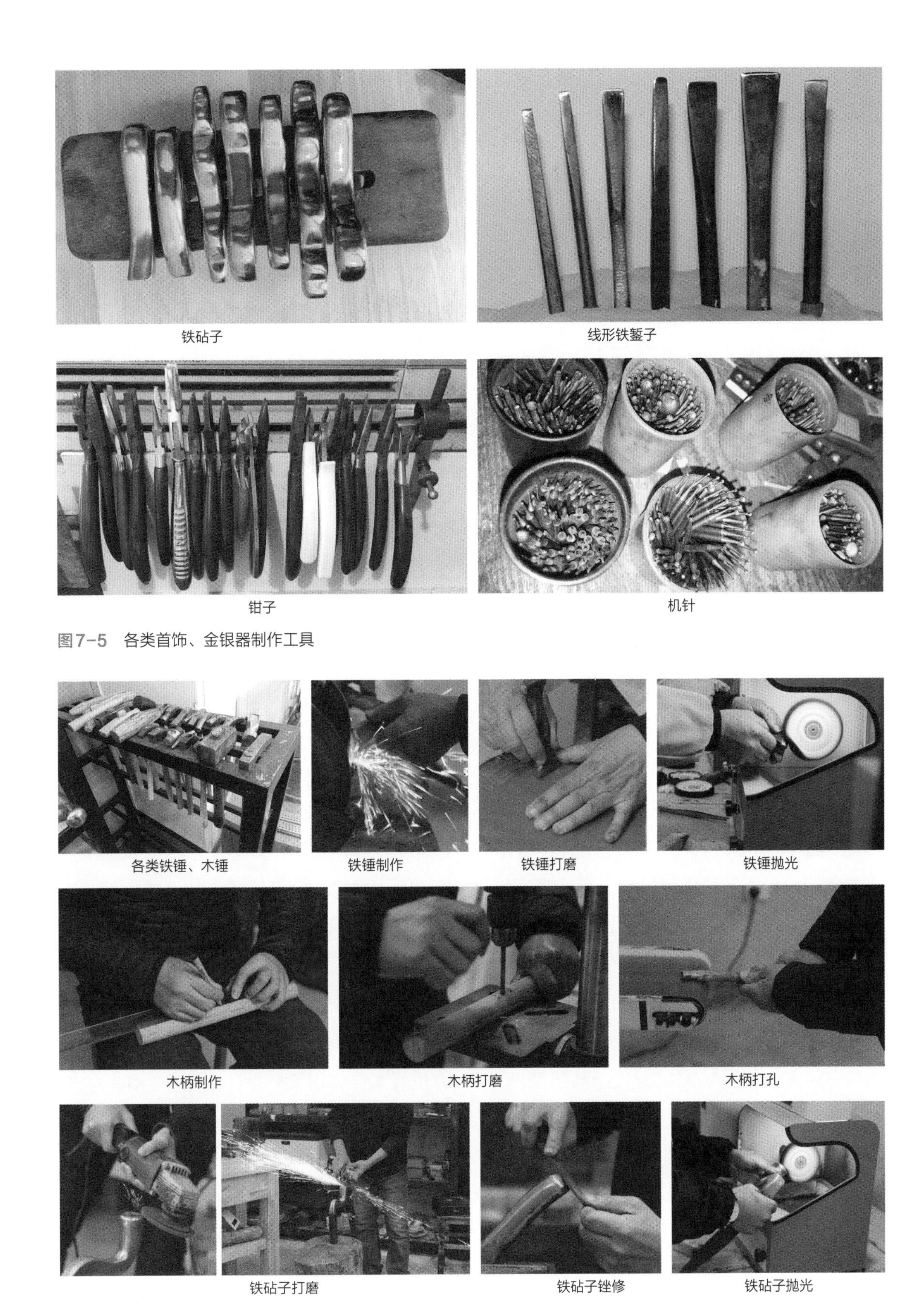

图7-5 各类首饰、金银器制作工具

图7-6 铁锤、木柄、铁砧子的加工制作过程

秀作品。这个阶段的临摹学习，主要是对器物形态、纹样形态以及纹样布局构图等的学习。“粉本”多指在绘画、壁画中使用的手绘底稿；“纸样”则为采用手绘、剪纸、烟熏、拓印等手法，“传移模写”所要制作的器物廓形、纹样等，并将其转印到铜板、金银板上的纸质媒介，以便在金银铜板上进行放样、取样，民间也称“样样子”“样子”；“课图稿”多为师父在制作器物的过程中徒手绘制的稿样。

传统手工艺人多未接受体系化的美术教育，绘画基础较弱，首饰、金银器设计理论缺失，只有少数天赋较高的手艺人才能从写生到变形进行独立创作，加上器物所承载的礼制约束，以及器形、纹样多为程式化范式，相对固定。基于此，多数从业者都采用临摹成熟样本的方法来制作，粉本、纸样自然成为了手工艺人制作器物轮廓形态，学习纹样画面的布局等不可或缺的工具，在一定程度上起着教材的功能和作用，与课图稿一起构建了传统金银饰器手工艺人的教学体系。可以将粉本、纸样理解为师父教徒弟的教材、教案。根据笔者的研究，在纸张稀缺且价格昂贵的唐代，学徒学习使用的粉本大体有以下几种：第一种为师父传承下来的粉本或纸样；第二种为官府即行作的大匠绘制的粉本；第三种为临摹同时代绘画、壁画、雕塑等其他艺术门类的经典作品，作为教学范式，成为学徒学习的粉本。

学徒通过粉本、纸样学习器物的匠心营造、纹样构图布局等，以此提升其对艺术的审美能力、感知能力和鉴赏能力。顾客选定纸样后，首饰、金银器的形态、纹样、尺寸、材质、工艺、价格以及交货时间就确立下来了。同时，粉本、纸样所承载的不同阶层长时间积累与沉淀下来的共同地缘文化、心理特征及审美观念便潜移默化地得以传承，首饰的佩戴者和金银器的使用者及所代表的等级森严的社会身份认同也得以体现，社会身份的认同是指相同或相近的伦理观、价值观、审美观的社会性认同。如唐代对不同阶层佩戴的钗、簪、梳篦等首饰的长短、数量、材质等方面有着明确的规定，是当时社会生活和社会心理的集中反映，更是唐代社会风尚和审美取向物化反映的载体，承载着唐代文化意识形态，还包含着世俗、生活的各个方面。

由于针对唐代首饰、金银器粉本、纸样、课图稿临摹与学习的纸质文本已遗失在历史长河之中，所以对于今天的学徒、设计师、造物者而言，以考古发掘的器物为摹本进行临摹是最为直接有效的学习方式。以笔者临摹的何家村出土的鎏金鹦鹉纹提梁银罐（图7-7）及法门寺地宫出土的鎏金鸳鸯团花双耳大银盆（图7-8）的纹样为例，在临摹学习之前，尽可能地通过多种渠道获取其考古资料及其他学者理论研究的成果，对器物的背景文化做较为深入翔实的了解，然后走进博物馆，近距离地对器物做360度全方位观察，体悟纹样设计。就鎏金鹦鹉纹提梁银罐而言，站在俯视图的角度来看，装饰纹样以罐盖为同心圆圆心的构图方式展开，罐盖顶部为宝相花纹、盖身则为卷草纹；站在正视图的角度来看，罐身两侧以鹦鹉纹和鸳鸯纹为构图中心，饰以折枝纹，并组合成为团花纹样；罐体颈部及底座则装饰双瓣纹

鎏金鹦鹉纹提梁银罐罐盖纹饰

鎏金鹦鹉纹提梁银罐罐身纹饰

图7-7 何家村鎏金鹦鹉纹提梁银罐纹饰，段丙文手绘

图7-8 法门寺鎏金鸳鸯团花双耳大银盆局部纹饰，段丙文手绘

样和四叶海棠花纹样，植物纹样和动物纹样统一在满饰的大小均匀的鱼子纹之中，通体纹样采用鎏金工艺制作而成。同样，由唐僖宗供奉的法门寺鎏金鸳鸯团花双耳大银盆也是在器物的内外都满饰植物纹、动物纹、鱼子纹。在笔者临摹两件器物的过程中，通过对两者构图布局、制作工艺、器形纹样等方面的分析，深深被唐代金银器手工艺人精湛的技艺所折服。以两件器物都使用的鸳鸯纹、鹦鹉纹以及鸿雁纹来说，都是采用錾刻工艺制作，以写实的手法表达生动活泼的动物形态，手工艺人通过錾刻出粗与细、长与短、流畅与凝滞、整齐与散乱等形式不同的线条，将鸟类身体羽毛的软硬、粗细以及十分坚硬的鸟喙与腹部毛绒绒、柔软的羽毛质感展现得淋漓尽致。在临摹学习的过程中，一方面要体悟到“技近乎于艺”，即手工艺人展现出的高超的、精湛的制作工艺水平，另一方面通过临摹学习，解读唐代首饰、金银器制作技艺的传承过程，以及折射出的唐代历史、传统文化、审美价值等诸多文化信息，可以为我们当下的设计和创作提供不同的视角和理念，对今天的造物者与设计师而

言，有着重要的参考价值。

三、制作技艺的学习与借鉴

由于唐代没有留存影像资料或图文资料的技术手段，当下无法直接学习和借鉴唐代首饰、金银器的制作技艺，更多的是依托于对西安陈氏世家汉族金银制作技艺，云南大理新华村以及陕西宝鸡木板年画、皮影等非物质文化遗产的考察成果，在考察过程中，通过对传统手工艺人的口述记录，现场观摩器物的制作以及师徒技艺传授过程，并结合《考工记》《唐六典》《天工开物》等历史文献相互佐证，反推唐代首饰、金银器的技艺传承问题，但由于手工技艺的个性化、非规范化和非标准化等特点，难免有错漏之处。

与工业化生产相比，手工艺生产没有工业化生产那样规定严格的工序和流程。工业化生产要求从模具里生产出来的每件产品的器形大小、纹样、表面肌理、抛光程度都必须完全一样。而手工艺生产，即便制作相同的器物，每位工匠对工序先后的理解都会有一定的差异，不同的工匠会依据自己的加工制作习惯来确定器物锻造、錾刻、镂空的先后顺序，工具的使用方法等，加上工匠个人身体素质的差异，用锤子锻打以及握錾子的力道都不尽相同，因人而异，这也就要求学徒在观察师父制作器物的过程中，结合自身实际情况学习，培养出符合自身特点的工作习惯。此外，同一工匠制作相同的器物，也无法达到工业化生产的水平，制作出一模一样的产品，因为器物锻造起形时，手工艺人无法做到每一锤敲打的部位和力量与制作上一件器物时完全一样。同样，錾刻器物形态时，手工艺人也无法确保使用錾子錾刻出的线条轻重缓急、流畅与滞涩程度完全一样，而这种差异性正是手工艺生产的魅力所在。錾刻时使用錾子的手以及捻动錾子的部位、手腕发力的方式等，都需要通过临摹或模仿学习（图7-9），这就要求徒弟在手工艺学习的过程中，仔细观察和体悟师父传授技艺时手握錾子、锯弓、铁锤等的姿势，结合自身身体素质，通过不断的实践练习来学习各种制作技艺。

技艺的学习必须靠动手干才能铭记于心，也就是现在人们常说的“肌肉记忆”，通过长时间反复练习，让技能刻录到手部肌肉的每个细胞中，自然而然就掌握了这门手艺。正所谓“师傅领进门，修行在个人”“三分靠教，七分靠学”，这里所说的“学”，就是用自己的眼睛、身体和手学习，特别是手的学习，观察体悟师父手上的力道、动作、姿态，同步进行实践练习，边学边调整。通过用手实践练习的过程是任何人都无法代替的，这些技能与经验更不是靠理论讲授能够获取的。

“这是一个要用手去记忆的过程……一件工艺完成得是否合格也不是靠数字去衡量，而是靠自己的手指去判断。不是在学校，而是靠跟师傅呼吸着同一方天地的空气，边干边学出来的。我也并不完全赞同传统的师徒制度，但那是一种绝非书和文字能够表达清楚的传达方式，然而，就是这样的传达方式也即将消失在我们的眼前了”[1]。如

[1] 盐野米松. 留住手艺[M]. 英珂，译. 济南：山东人民美术出版社. 2000：191.

图7-9 教学现场

今在大工业化生产的背景下，特别是人工智能时代的来临，由于技艺传承过程中的各种不确定因素，无法确保每个从事手工艺学习的学徒都能成才，即便都能成才又无法保障每个人都能在这一行当里从业、谋生，更无法确保“择一业，终一生”，导致了现在手工艺人才培养举步维艰的局面。

第四节　唐代首饰、金银器临摹与复制的步骤

通过对唐代首饰、金银器出土实物的分析，结合今天仍然还在使用的首饰、金银器制作技艺，我们可以解读出其基本的制作过程，以此来还原唐代首饰、金银器的制作工艺及其流程。

步骤一：下料

下料（图7–10）就是根据设计规划好的图形尺寸，在金银板材上将立体的器形展开，拓印在平面的板材上，一般以器形底部为圆心展开。因为在捶揲制作过程中，都是围绕器形底部进行塑形，也就是说先将底部的形体通过锻打、捶揲工艺制作完成，然后逐步地打出器身形体，最后收口。

步骤二：锉修

锉修（图7–11）的目的主要是将板材边缘毛刺不光滑的部分通过锉刀打磨光滑，防止在后期捶揲过程中，金属板材的毛刺部分将手划伤，同时进行整形，使板材的形态、尺寸更加贴合设计规划的要求，以免出现后期打造过程中板材过大、过小或形态不符合设计稿样要求等情况。

步骤三：纸样制作

纸样制作就是将“纸样”或“粉本”中的器形及纹样转印到金、银、铜板材上。以西安陈氏世家传承有序的松鹤延年“纸样”及实物银盾为例（图7–12），由于手工艺人多数不具备徒手起形的能力，通常借助纸样或粉本来转印形态，类似于今天用复写纸拓印形态。在唐代，纸样制作时通常使用灰线法，也就是将纸样或粉本的廓形或纹样用针扎出小孔，然后撒细灰，细灰透过小孔落在拓印的金属板材上，接着将纸样取走，用铅笔将细灰点连成线，纸样或粉本转印形态的功能便完成。

步骤四：起形

起形（图7–13）包括起平面形态和起立体形态两种。起平面形态是将纹样通过錾刻和捶揲工艺制作成线刻、浅浮雕或高浮雕的过程；起立体形态就是通过捶揲工艺将平面的金银板材反复锻打，形成立体的形态，在这个过程中要经过多次的退火。

图7–10　下料

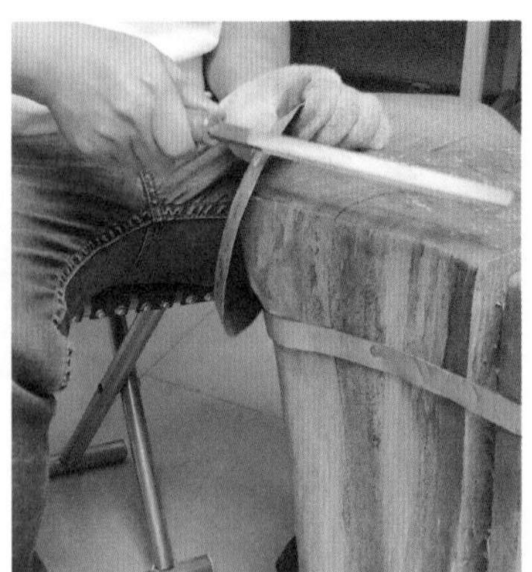

图7–11　锉修

松鹤延年“纸样”

松鹤延年实物银盾

图7-12 松鹤延年“纸样”及实物银盾

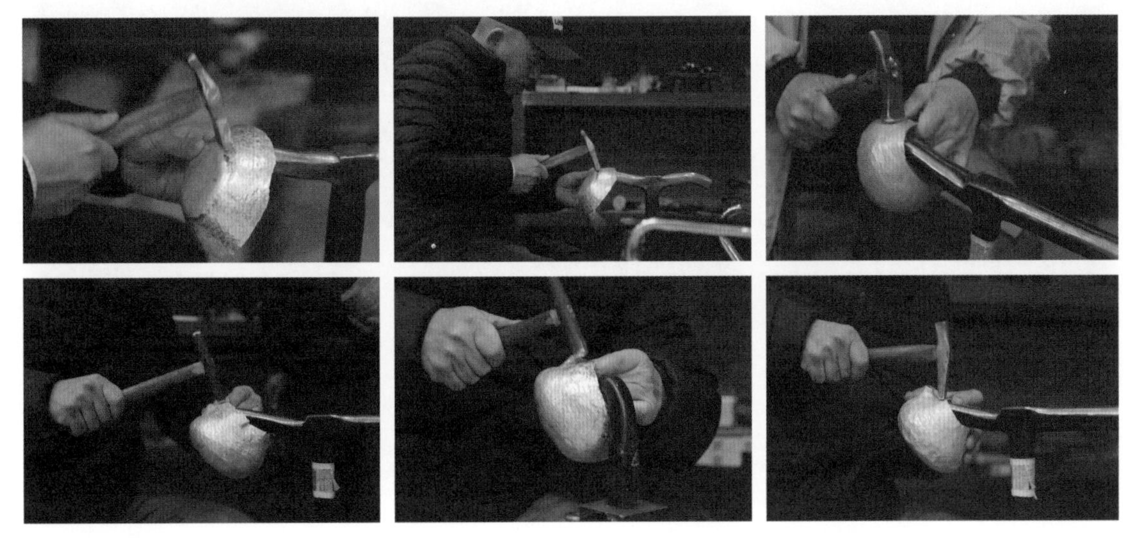

图7-13 起形

步骤五：退火

退火（图7-14）就是使用火枪将金属板材烧红，呈暗红色即可，温度过高则会破坏金属表面，使金属表面起皱皮甚至熔化。古代多通过燃烧木炭或煤加热金属板材，以起到退火的作用，退火的目的是使金属板材变

图7-14 退火

软，以便下一轮成形。

步骤六：表面清洗

在金属板材退火过程中，表面容易氧化变黑，需要在稀释有明矾的锅里进行蒸煮，也可以使用稀释的硫酸进行清洗（图7-15），使金属表面变清洁，减少在深入捶揲过程中金属表面的灰尘吸入肺里。

步骤七：收口整形

当器物立体形态制作基本完成时，要及时修剪器物沿口多余的部分（图7-16）。

步骤八：打磨、抛光

器形、纹样都錾刻、捶揲完成后，使用锉与粗细不同的石条对其进行表面打磨处理，然后用布砣、木砣打蜡抛光。

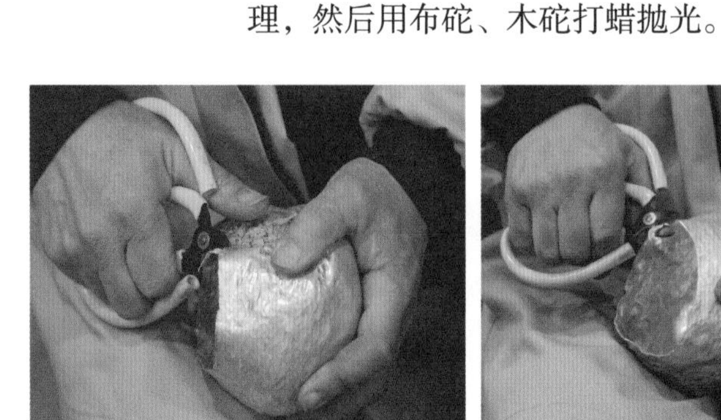

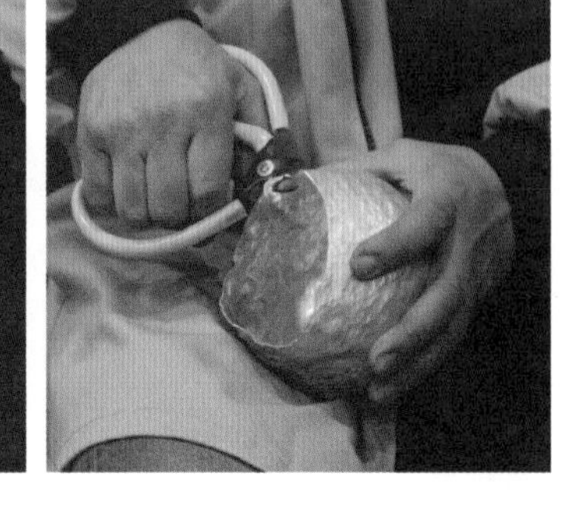

图7-15　表面清洗

图7-16　收口整形

第五节　唐代首饰、金银器临摹与复制的典型案例

案例一　临摹与复制鎏金“敬晦进”团花纹银碟（图7-17）

鎏金“敬晦进”团花纹银碟呈五曲形，高3厘米，口径17.7厘米，底径11厘米。碟心刻叠纹宝相花，内腹面亦为五簇宝相花纹，与五曲纹相间，边沿为连续花瓣纹。

鎏金“敬晦进”团花纹银碟实物

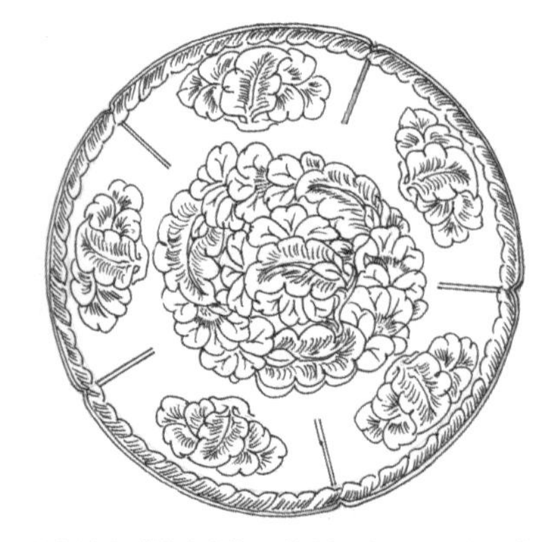

临摹鎏金“敬晦进”团花纹银碟，段丙文手绘

图片来源：冀东山，《神韵与辉煌——陕西历史博物馆国宝鉴赏》金银器卷，三秦出版社，2006年，第81页。

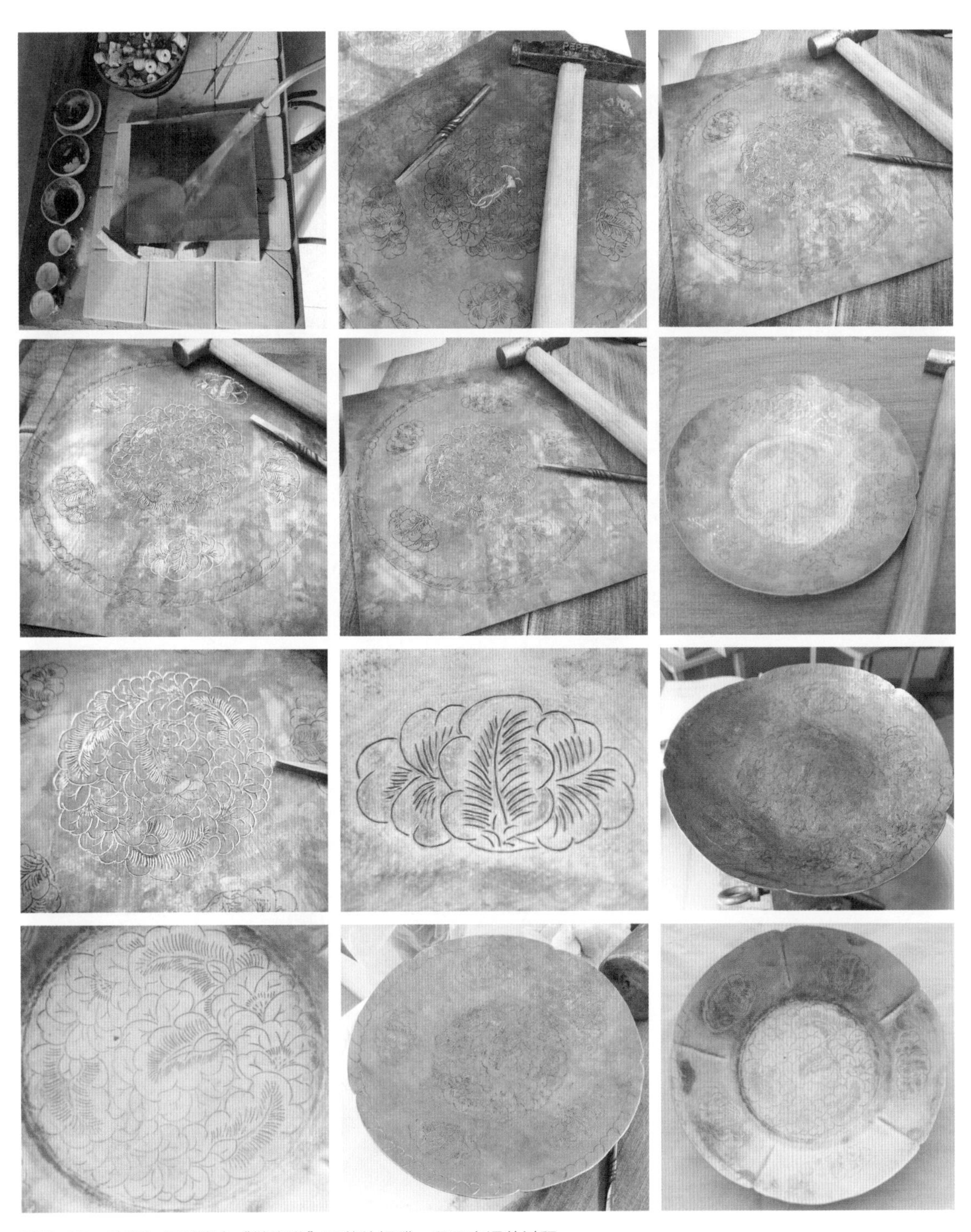

图7-17 临摹与复制鎏金“敬晦进”团花纹银碟，段丙文课徒过程

案例二 临摹与复制金镶玉臂钏（图7-18）

金镶玉臂钏出土于何家村窖藏，现藏于陕西历史博物馆。其外径8.4厘米，内径6.5厘米，宽2.1厘米，以金合页将三段弧形玉连接在一起，每段玉两端均包以金质兽首形合页，并以两枚金钉铆接，钏内用小金条作辖相连，可以自由活动。

金镶玉臂钏实物

图片来源：齐东方，申秦雁，《花舞大唐春》，文物出版社，2003年，第219页。

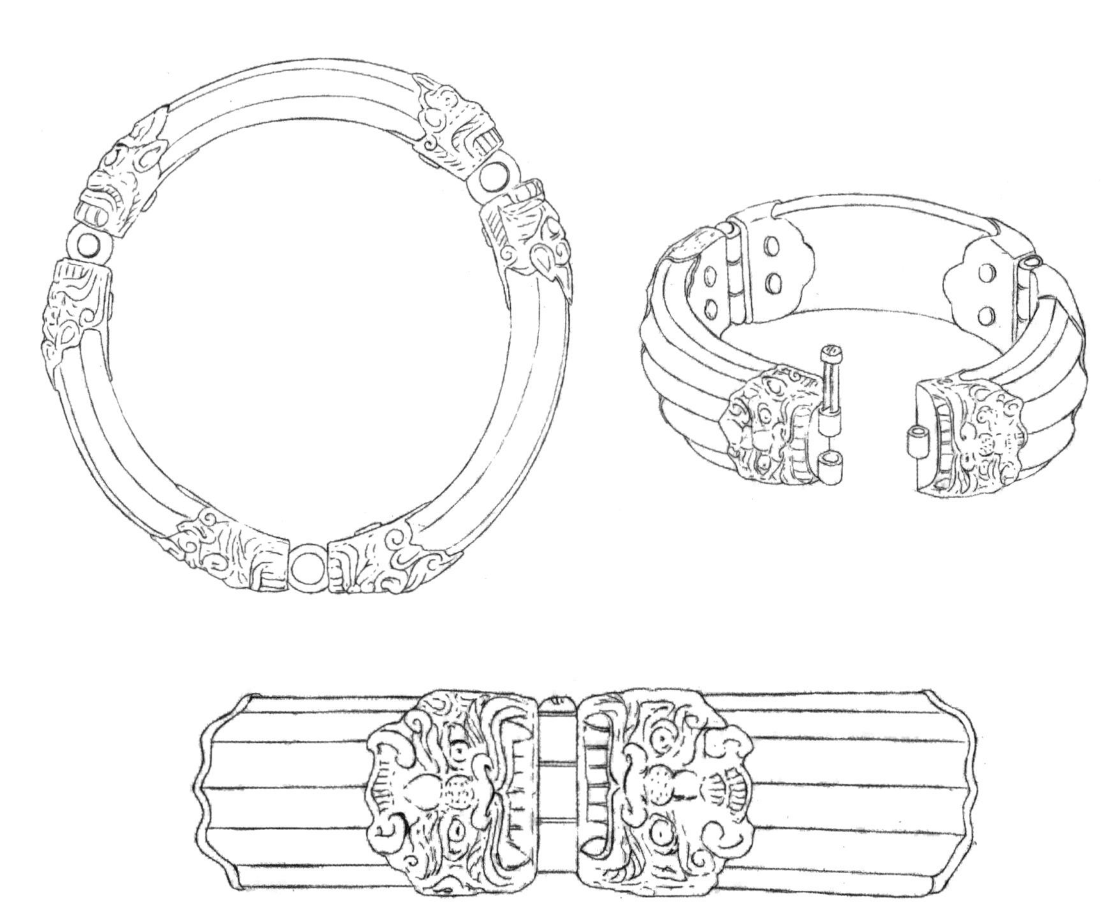

临摹金镶玉臂钏，李晓月手绘

复制臂钏，李晓月制作

图7-18 临摹与复制金镶玉臂钏

案例三 临摹与复制鎏金飞廉纹六曲银盘（图7–19）

鎏金飞廉纹六曲银盘高1.4厘米，宽15.3厘米，银盘呈六曲葵花形，窄平折沿，浅腹平底，盘心处凸起并剔刻出鼓翼扬尾、偶蹄双足、牛首独角、鸟身凤尾的动物形象。

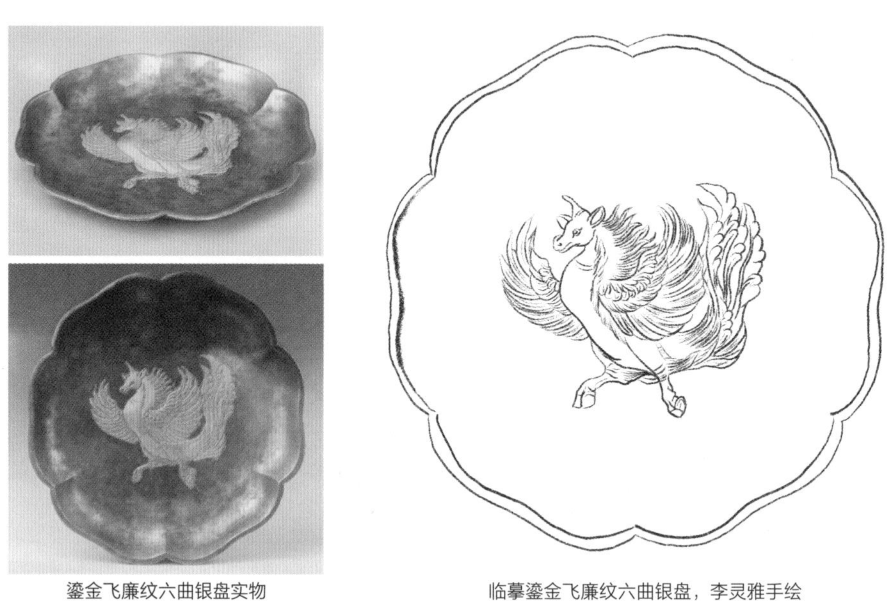

鎏金飞廉纹六曲银盘实物　　临摹鎏金飞廉纹六曲银盘，李灵雅手绘

图片来源：韩伟，《中华国宝·陕西珍贵文物集成》金银器卷，陕西人民教育出版社，1998年，第3页。

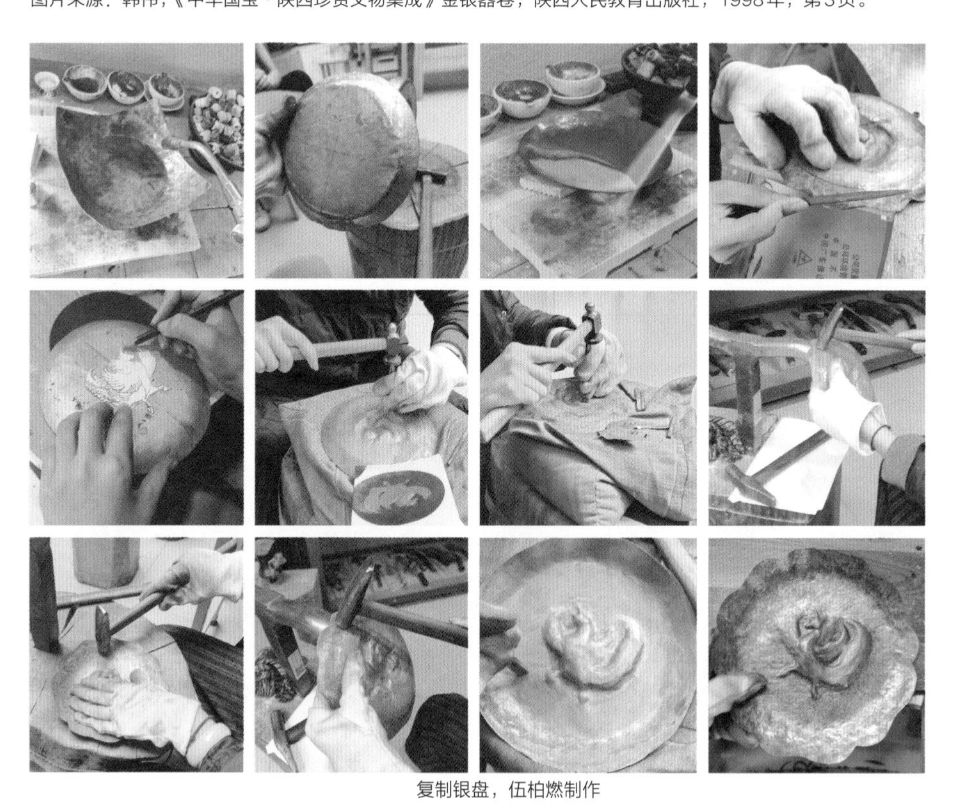

复制银盘，伍柏燃制作

图7–19　临摹与复制鎏金飞廉纹六曲银盘

案例四 临摹与复制鎏金蔓草蝴蝶纹银钗（图7-20）

以西安何家村出土的鎏金蔓草蝴蝶纹银钗为例，银钗全长35.4厘米，钗头部分长14.7厘米、宽约5.6厘米，在錾刻镂空之前，手工艺者应先绘制出粉本，通过粉本进行形态的复制，从而使钗头两两纹样基本一致。蝴蝶蝶尾的镂空部分极细，最细处细如发丝，犹如剪刀在纸上剪出来的一般。这就需要将花钗固定在胶板上，用锋利的刻刀直接錾刻，剔除不要的部分。

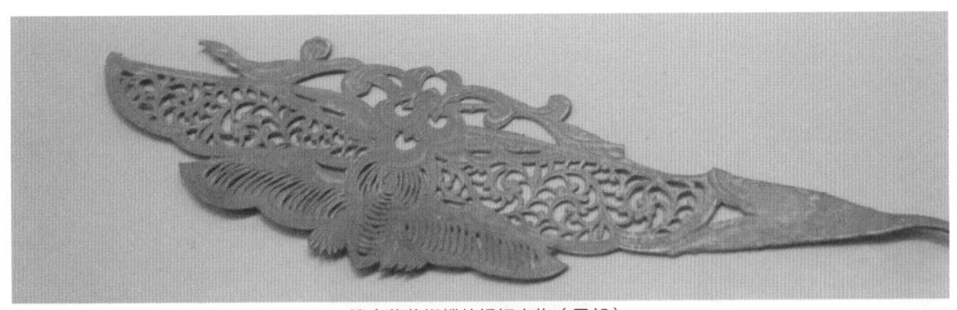

鎏金蔓草蝴蝶纹银钗实物（局部）

复制银钗，庄清意制作

图7-20 临摹与复制鎏金蔓草蝴蝶纹银钗

案例五 唐代头饰复原（图7-21）

西安美术学院史论系副教授刘园老师在“中国古代服饰与妆饰”课程中，带领学生实践复原了唐代服饰，头部簪插有梳篦、发簪、花钿及花卉。

图7-21 唐代头饰复原 指导教师：刘园

第八章

唐代首饰、金银器活化设计研究

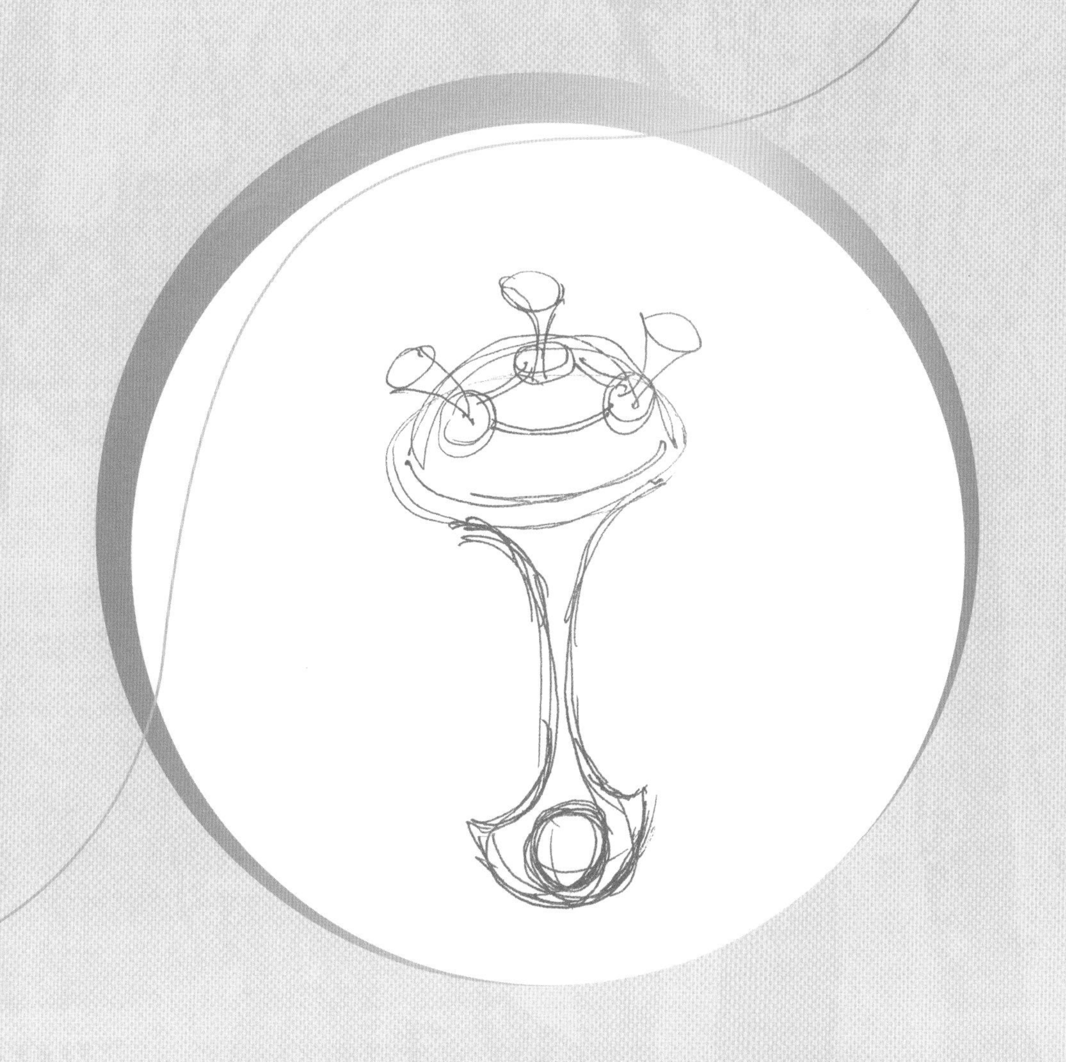

第一节　唐代首饰、金银器活化设计研究的理论与实践意义

一、理论意义

（一）构建唐代首饰、金银器活化设计体系，彰显“文化自信”

传统文化如何当代化？站在设计学的角度，如何将传统文化进行活化设计，究竟应以何种方式扎根传统然后又如何重构新文化体系，是当代设计师共同思考的一个重大课题。就设计方法论而言，需要进行深入的理论研究，探索出一条传统文化与时尚潮流相融合、共存共生的活化设计的路径，构建出东方设计学、美学的理论体系并践行。设计师对传统文化与时尚的学习、研究和传承，要保持平和的心态，文化的排异性随时有可能出现冲突，唐代发生的会昌元年“武宗灭佛”就是文化排异性的典型案例。同时，面对传统文化也不应盲目自信、抱残守缺、故步自封，而应采取兼收并蓄、扬弃式的方式传承民族文化之精华，将时尚与文化进行多点融合，以传统文化特有的思维方式、价值体系为内核。在对唐代优秀的传统文化元素借鉴和学习的过程中，还要向周、秦、汉、宋、元、明、清等其他时期的优秀文化学习。最后，我们同样不能抱着传统文化这一杯“优质奶”就咬住不放，我们应尽可能多地汲取当代流行的时尚文化元素、国际化视野及造物理念。

“设计的文化立场，首先表现为设计应该是民族文化精神的倡导者，同时也应该是外来文化的包容者和改良者……当我们今天以文化立场来重视设计话语之时，必然不应回避设计民族化和现代化的问题，设计师的文化立场应该落实到为中国而设计，并将这种理念务实化。为中国而设计的中国现代设计成长是迅速的，短短的几十年间已经超越了一般意义上的时代进程。中国现代设计现在还没有形成与民族特质、文化传统和悠久历史相适应的精神价值取向，更没有形成既具有现代意味，又有东方美学格调的国家美学品格”❶。总之，当代中国设计要想成长为一棵参天大树，就应将根须扎深，多吸收稀有设计元素作为养料，要以一种综合的、开放的心态构建新中式的美学理念和造物观。

回溯唐代的繁荣与昌盛，借用吴宓在《吴宓诗话》中转引陈寅恪先生的一段话，“寅恪尝谓唐代以异族入主中原，以新兴之精神，强健活泼之血脉，注入于久远而陈腐之文化，故其结果灿烂辉煌”❷，这说明对于今天的我们而言，唐代融入外来文化的经验也很重要。对外学习是为了更好的“强身健体”，但我们同样不能深陷外来文化不能自

❶ 李超德，束霞平，卢海粟．设计的文化立场——中国设计话语权研究［M］．南京：江苏凤凰美术出版社，2015：130.
❷ 吴宓．吴宓诗话［M］．北京：商务印书馆．2005：1.

拔，认为“外国月亮都比我们的圆”，这与我们20世纪90年代按照西方首饰文化、教学理念发展起来的高校首饰教育也息息相关。20世纪90年代，我国开始兴起首饰设计专业，我国第一代首饰设计专业的导师多为留学欧美和日本的教师，他们将国外的教学体系引入我国，由最初的完全西化式教学，到之后他们逐渐将学术触角深入到民间，向西藏、云南、贵州等地的少数民族学习技艺，并将各个民族的优秀工艺引进课题教学。如北京珐琅厂的传统工艺、云南大理鹤庆新华村的银器制作工艺等，开始反哺高校的首饰设计教育，传统文化逐渐融入当代的首饰设计教育，逐步淡化西方文化的强势主导地位。

在理论探索层面，齐东方先生的《唐代金银器研究》、扬之水先生的《中国古代金银首饰》以及李芽老师的《中国古代首饰史》等著作的出版发行，使当下的首饰设计教育从理论到实践都有了传统文化的身影，更为重要的是，越来越多的人开始关注民族首饰、金银器的辉煌历史。这与唐代前期受西方文化的影响，逐渐与本民族传统文化融合为“儒释道”一体的文化体系，以及唐代首饰、金银器发展流变也有相类似之处。如錾刻和捶揲工艺在三星堆遗址中就发现了萌芽的迹象，到了唐代，通过丝绸之路吸收外来技艺，并逐步融合发展，将唐代首饰与金银器推向了顶峰。这为研究当代中国首饰设计由外及内的发展流变提供了良好的范本，对我们构建明确的文化识别体系具有重要的参考价值。

面对东西方的文化融合，我们要守住传统文化的核心理念与价值观。以当代首饰设计作为切入点，探究如何构建新中式首饰设计理论与实践体系，民族化的价值判断标准，传统与当代相融合的传承体系或称之为当代首饰设计教育模式，以及与民族价值观相吻合的消费观、佩戴观等，从而推动中华优秀传统文化的创造性转化和创新性发展。

在对传统文化继承和发扬的过程中，我们要保持严谨、审慎的态度，避免因追求国际化而使设计产品生硬平庸，文化定位模糊，缺乏民族文化的鲜明特征，丧失文化的本性品格等情况。设计师们应该深入挖掘传统文化的精髓，而不是用一种简单、拙劣的模仿方式，甚至直接将传统经典作品以抄袭的方式进行学习。正所谓“学我者死，似我者生”，对传统文化学习应采取创造性的学习方法，特别是要强调首饰设计作品的迭代性，文化历经迭代之后才能永葆青春，迭代的速度越快，产品或企业生存的概率就越高。

构建一种根植于传统文化的新中式文化体系，浅层次而言，是对传统文化的继承和扬弃，深层次而言，是我们作为服装或首饰设计师如何呈现自由的设计主导权，且不受西方文化的干扰。首饰设计师自信而又本能地立足于传统文化，以时尚的眼光、国际视野探索中国设计，同时得到消费者的认同，其核心的意义和价值就是文化认同。最终，为设计师、研究者、传统文化爱好者提供一种参考模式，真正让我们的传统文化成为可分享的、不断创新发展的优秀文化，并向世界传播中式美学及文化价值观。例如通过研究陕西地区出土的唐代首饰、金银器，对其形制、纹样、制作工艺等方面标志性元素进行梳理和归纳，挖掘其造物观、价值体系、佩戴或使用时所需遵守的伦理道德，并以时尚的思维对设计元素进行提取、淬炼，融入首饰设计与制作之中，并基于此创作出有唐文化基因的现代首饰。设计师能做到积极主动地研究、挖掘传统文化，其本身就是一种文化自信的表现，是对民族传统文化的一种高度认可，这正是唐代首饰、金银器活化设计的时代意义。

（二）构建唐代首饰、金银器活化设计体系，实现“文化自觉”

唐代首饰、金银器是上下五千年中华文化之中一颗璀璨耀眼、熠熠生辉的宝石。今天，依托对传统文化的活化研究，让文化基因得以延续，首要的是构建设计文化的民族、国家立场和观念，并向世界传播中式美学理念，其次是需要更多年轻人看到、认识和传承唐代首饰、金银器中蕴含的优秀中华文化基因，其次是要从观念和情感上让国人自然而然地沉浸在这一文化体系中，并获得文化情感上的认同。但现实情况是，自19世纪中叶后，历经百余年，我国传统文化受到西方文化的强烈冲击，一脉传承的文化体系受到了影响，在衣着方式、礼仪服制、色彩与纹样的寓意等方面都发生了改变。就首饰设计领域而言，今天人们佩戴的首饰无论是形制、纹样、色彩、工艺、材料、佩戴方式以及其暗含的文化内涵，还是设计理念、色彩的象征意义等，多是20世纪学习西方时尚文化的结果。

“文化属性能够增强产品的影响力和永恒性，这种影响不仅指产品本身因为底蕴和内涵提升而造成的积极影响，也指通过文化元素的作用，刺激了消费者心底的文化情结，从而对产品的强烈亲近感和皈依感”[1]。目前我国经济GDP在2009年已超越日本，位居世界第二，随着国家经济的日益强盛，强大的经济保障成为孕育出独立时尚审美的重要支点。如今，要想重构我们的文脉，就必须建立我们的文化立场，传承优秀的五千年文化，这就需要我们从唐代首饰、金银器这类具有代表性的传统文化元素中提取、淬炼文化基因，深挖其是以何种方式、何种方法筑造出强盛时代精神的，并使之融入时尚，以此进行活化设计。让设计师及消费者对优秀传统文化的接纳、认同、借鉴、消费成为一种自觉，让蕴含传统文化元素的首饰成为文化自信的象征，让首饰消费与佩戴从纯经济行为转变为自觉的文化消费行为。

首饰是文化的载体之一，是文化的外化表现。以唐代首饰、金银器为研究载体，从首饰设计领域尝试构建属于我们民族的佩戴文化价值体系，从首饰的孕育、诞生到佩戴都浸入风俗、文化体系，使首饰在设计、制作、销售、佩戴等方面具有属于中式文化的身份认同，烙刻着我们民族的文脉，根正苗红。在此，无论是设计师还是佩戴者都必须知道，我们所期盼构建的现代首饰文化体系不仅仅是对传统首饰或广义传统文化的抄袭和复制。今天人们佩戴首饰时已然不再流行

[1] 李杰．设计专访——张夫也：设计是社会文化的创造硬核［J］．设计．2020(6)：66-75．

高髻，注重头部装饰的时尚理念不再流行，反而是唐代流行较少的耳饰、戒指等在当代的首饰行业占据巨大的份额，如钻石婚戒。艺术当随时代发展，时尚更是时代发展的风向标和领航者。因此，对传统文化的学习重点是学其内在的文化精神，构建文化认同，实现文化自觉。

（三）唐代首饰、金银器活化设计研究承载着国家文化复兴战略使命

2018年被称为“国潮元年”,“国风”“国潮”的理念在这一年被大众耳熟能详，以受到诸多年轻人喜爱和追捧的运动品牌李宁为例，其推出的“悟道”“风舞”“藏易”等蕴含传统文脉的系列产品，让持续亏损近30亿元的公司重获新生。这说明富有传统文化气息的设计得到越来越多年轻人的认可，并愿意主动消费优质的文化产品。由于中国首饰行业的发展在20世纪出现了近30年的断层，几乎是空白，导致珠宝首饰类的国货奢侈品牌孕育时间短，目前尚未出现可以与Tiffany&Co、Harry Winston、Cartier等国际一线品牌齐名的品牌。但根据瑞士银行报告预估，2021年度国际一线奢侈品品牌，如斯沃琪集团、历峰集团、爱马仕、开云集团、LVMH等，来自中国消费者的消费分别占年度销售额的50%、40%、35%、33%、31%，从这组数据中我们可以得出以下结论：

（1）中国拥有奢侈品消费能力，且居世界前列；

（2）中国消费者对奢侈品有巨大的消费需求；

（3）目前中国高端珠宝市场主要被国外的一线珠宝品牌占领，中国品牌号召力不强；

（4）品牌附加值，也就是奢侈品的巨大利润空间都被国外奢侈品品牌攫取，带有鲜明中国传统文化元素的国内珠宝首饰尽管越来越受到国内市场的追捧，也陆续出现在国际舞台上，但让中国传统文化成为国际潮流文化的主体，特别是在首饰领域，目前尚有较大差距。因此，对“国风”“国潮”首饰或奢侈品的打造迫在眉睫。

对唐代首饰、金银器活化设计，就是要从文化场域的角度构建设计审美观、消费观、佩戴观，同时，从首饰行业角度探索出一条真正适合民族和国家文化战略道路，真正让我们的传统文化“活”起来，创造出富有中式神韵的现代首饰或文创衍生品，为打造民族化的一线品牌添砖加瓦。在“国风”“国潮”的时代机遇下，让首饰设计行业同其他优秀行业一起同频共振，避免其在践行国家文化复兴战略的过程中掉队，快速占领国内的奢侈品消费市场，从而进军国际市场，扩大传统文化的影响力，真正让首饰行业在国家文化复兴战略中担负起应有的职责和义务，践行传统文化复兴的文化战略，这正是本课题研究的核心目的和价值所在。

二、实践意义

对传统文化的现当代化理论研究有之，实践应用有之，但如何以一种民族共同的、“习以为常”的思维方式面对优秀传统文化，或者说，对渗透到我们每一个国人骨髓里的文化力量如何进行构建，如何由表及里地根

植于民族文脉之中，这是本书要探究的核心问题。当然，对于专业的设计师而言，我们需要深入研究如何从形制、纹样、色彩、材料观等角度来借鉴，并将唐代首饰、金银器中蕴含的文脉转化应用到当代设计之中。

在当代的首饰设计中增加文化的附加值，转变我们以前认为只有制作工艺、创意才有附加值的观念，让民族文化也产生明确的附加值。我们曾经拥有世界一流的设计文脉体系，“婚丧嫁娶”都有属于自己民俗体系的服饰。在《二十五史》之中，每个朝代都在《舆服志》或《车服志》章节中明确记载该时期成套的服制体系及其流变，在数量、形制、色彩、纹样、材料等方面做了翔实的规定。直到清末、民国初期，服制甚至整个造物体系（设计体系）都体现出东西方文化的巨大差异。然而纵观今天的时尚潮流，东西方渐趋汇流，巴黎、纽约、东京的时尚潮流同步出现在北京、上海，我们究竟该如何把中国力量、中国精神、中国效率阐释好，是我们当下设计师应该思考和践行的时代命题。

（一）国际环境下的中国首饰设计的现实意义

当下中国首饰在创意设计、制作加工、线上线下销售等方面已经具备与国际首饰设计对话的实力：

（1）2016年，政府工作报告中正式提出“大国工匠精神”，从国家层面来看十分重视制作与工艺。

（2）从首饰行业角度来看，中国具备了世界范围内较为先进的水平。在第44、45届世界技能大赛上，我国选手分别在珠宝加工项目中获得铜牌和银牌的佳绩，并且第46届世界技能大赛将于2022年在上海举办。同时国内的各类首饰设计与制作大赛近年来蓬勃发展，如2021年全国行业职业技能竞赛、“招金银楼杯”黄金珠宝首饰设计大赛、“中国有IP”珠宝设计新星大赛，尤其是由TTF举办的将珠宝首饰设计与传统生肖文化相融合的“中华十二生肖大赛”等，这些比赛推动了首饰行业技能的快速发展。

（3）首饰设计是全球性的，越来越多具有国际视野的首饰展览如雨后春笋般蓬勃发展，如中国国际珠宝首饰展览会、北京国际当代首饰双年展、上海国际当代首饰双年展、昆明国际石博览会——昆明玉石展等，这些大大小小的展览将全球的首饰设计作品、宝玉石材料、首饰消费者和观众、首饰设计从业者规模化地集结在一起，开展参观、展陈、销售、学术研讨等活动，形成当下独具特色的中国首饰发展格局。在这样的时代背景下探讨唐代首饰、金银器，学习其开放、兼容并蓄的文化精神与内涵，通过首饰展览强化对优秀传统文化的宣传，展示开放的、自信的文化姿态，从而引领我国首饰行业的设计观、价值观、消费观。

（4）目前，我国首饰行业的诸多品牌，一方面在通过商业模式挖掘传统文化元素的市场化、当代化应用，另一方面也积极将民族品牌推向世界。在设计领域具有全球影响力的中国高级珠宝品牌TTF，始终致力于传统东方文化的当代演绎，将中国传统文化融入珠宝设计中。TTF品牌创始人兼艺术总监吴峰华先生提出了“中国意象美学珠宝理论”，在此基础上建立了新的视觉符号与审美观念，创造性地发展了中国意象美学在高级珠宝的应用，从理论到实践都在践行着中国传统优秀文化的当代活化设计与制作。同时，也让中国的珠宝首饰在国际珠宝首饰界有了一席之地，有了可以跟其他国家珠宝媲美的理论和文化基础，在国际珠宝界树起了我们中国文化的大旗。

以TTF翡翠高级珠宝《锦鸡》作品为例（图8-1），其灵感来源为宋徽宗代表作品《芙蓉锦鸡图》。锦鸡在传统纹样中是吉祥、高贵、典雅的象征，正所谓“锦上添花”“前程似锦”“锦绣山河”。该作品中将锦鸡的廓形依照《芙蓉锦鸡图》的范式进行归纳、概括、提炼，创作出了一款形态简约且线条流畅、造型灵动的当代首饰。作品凭借独具匠心的杰出创意与融贯中西的精湛工艺，将我国工笔绘画登峰造极的名作从二维图案转化为三维立体形式，生动传神地演绎了我国古代独有的皇家格调，不仅具有艺术的意义，还具有中国历史文化美学的意义。这样的设计十分符合今天消费者的审美习惯和当下流行趋势，也有助于向世界宣传中国传统文化。

同样，以独立设计师王焜设计的2018款“缠枝玲珑球”为例，其设计沿用了他对唐卷草文化元素的深化与拓展。这种以唐文化元素设计的当代时尚珠宝首饰同样得到了市场的青睐，也从另外一个角度说明，市场正向回应了对传统文化元素解构之后重构设计的思维理念。新中式美学得到当代消费者的认可，而具有新中式美学设计的时尚首饰也与世界优秀文化、流行趋势相互交融，形成了新风尚。

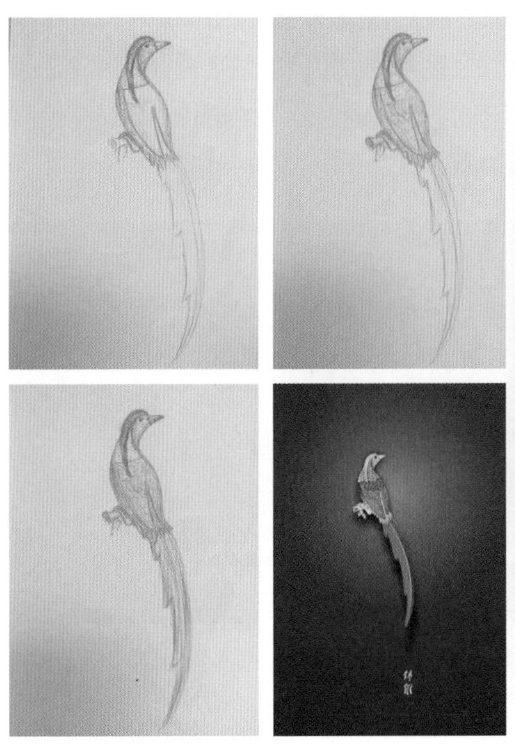
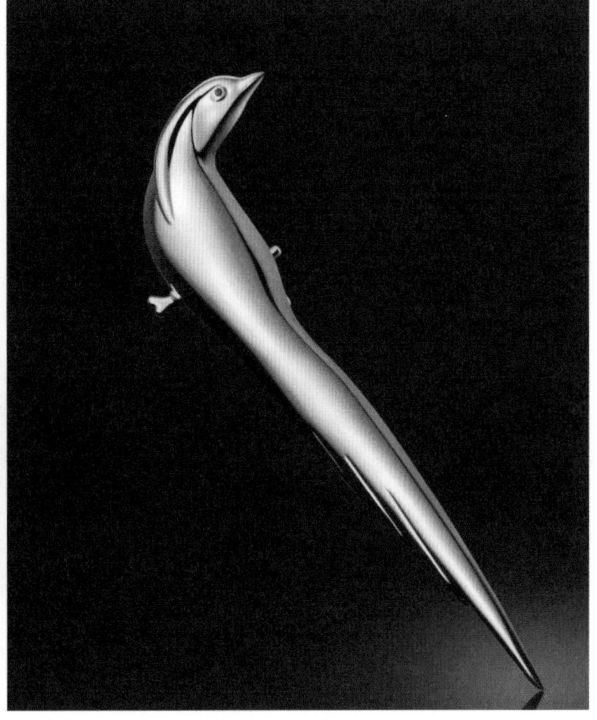

图8-1　TTF翡翠高级珠宝《锦鸡》作品草图及实物

（二）院校基于中国传统文化下当代专业人才培养的意义

我国设计院校高度重视传统文化的当代化教育。以西安美术学院服装系服装与服饰设计专业人才培养方案为例，其人才培养目标为“培养具有良好人文素质和艺术修养，适应行业和社会发展需要，具备扎实的服装与服饰设计相关理论基础、产品开发与工艺制作等专业技能。立足于本土地缘文化，同时具有国际性视野，把握服装与服饰市场的潮流资讯和行业趋势，富有创新精神，实践能力强，能在科研单位、企业从事服装与服饰设计相关工作的高素质专业人才”，并且在历届首饰设计毕业创作中，大多数作品都以关中地区传统文化的解构与重构为主题进行探索。这得益于西安背靠十三朝古都遗存的丰富多样的优秀传统文化，如秦兵马俑、汉唐陵墓、碑林博物馆、何家村遗存、法门寺地宫遗宝等名胜古迹，也有关中社火、皮影、剪纸、凤翔木版年画、秦绣等具有特色的非物质文化遗产。将传统文化元素解构之后转化为当代设计素材，将传统和时尚作为两条并行的轴线进行重构设计，使传统文化与流行趋势在设计师的创作中完美融合。

南京艺术学院的毕业生作品同样传递了高校首饰教育对传统文化的坚守与传承，并与时代相融合的理念。指导教师郑静教授说：“设计定位为传统苗族银饰的再设计……贵州的山水、花鸟、风土人情等都以一种新的当代形式语言呈现，它们在形式语义上有着意象的、概念的、解构的特征；在形式造型上又有着立体的、空间的、多层次的现代表现。”以2018届毕业生熊媛媛的毕业作品《葳蕤》为例（图8–2），该作品尝试以贵州苗族银饰为创作灵感来源，在保留传统花丝工艺自身工艺美的同时，作品对造型及佩戴方式进行再设计，极简的几何廓形搭配复杂的花丝装饰纹样，同时将项链的视觉中心从胸口转移到背部，改变了传统佩戴项链的方式，试图尝试和探索建构具有中式美学特质的设计语言及时尚服饰语言体系。

简言之，在新的时代，设计师应合理借鉴我国优秀的、一脉相承的五千年优秀文化，以构建中国文化的价值体系、场域并取得相应的国际影响。新中式美学的兴起与国家文化自信战略的契合推动了首饰行业、教育行业等多领域齐头并进的发展，唐代首饰、金银器的活化研究是这一宏大课题下的小分支，期盼通过本书对唐代首饰、金银器的归纳、总结，能够起到抛砖引玉的作用。

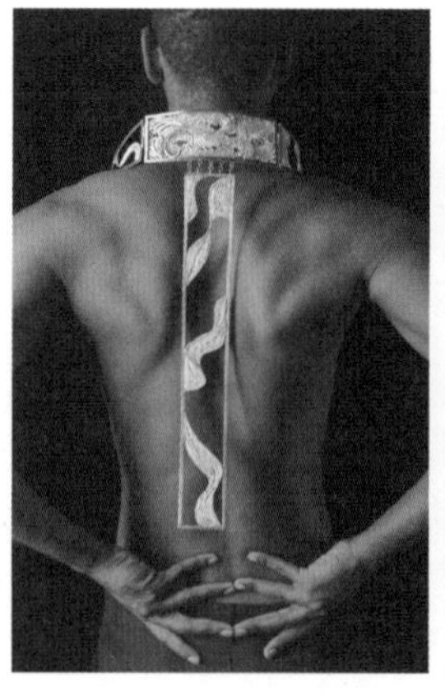
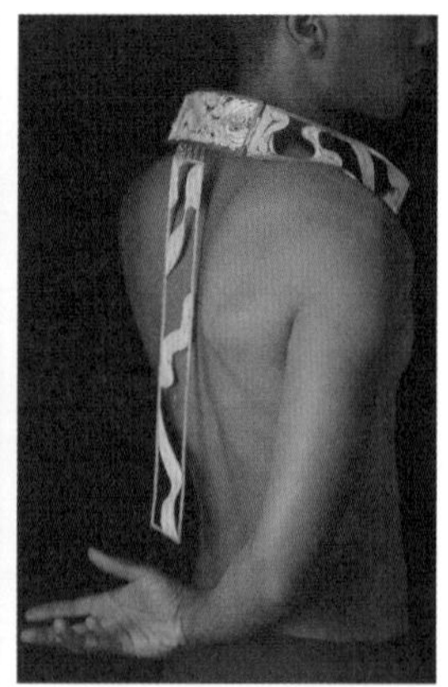

图8–2 《葳蕤》，南京艺术学院熊媛媛作品

第二节 多维度地向唐代首饰、金银器手工艺借鉴与学习

中国传统文化体系与当代时尚体系，是两个完全不同时代的产物，在社会观念、伦理道德、阶层划分、消费心理等方面存在着巨大差异。不同时代的造物者设计和制作出来的作品，以及在创作设计作品的过程中的思维方式、方法也不尽相同。我们应充分调研当代时尚首饰的佩戴观念、制作工艺、流行趋势，参照唐代首饰和金银器的器形、纹样、工艺、佩戴方式、美学价值等，特别是造物观、价值观及道德伦理观念，以及不同区域的民风民俗进行解构再设计，将其承载的文化内涵创造性地融入时尚潮流中，赋予传统文化新的生命力，创作出新中式首饰设计作品或文创产品。唐代首饰、金银器活化设计既是对传统文化的解构与重构，也是传统文化造血功能的动态重构与再建过程，让优秀的传统文化潜移默化地融入当代科技、文化、时尚体系中，做到有的放矢地学习和借鉴，探索建构新中式设计文化价值体系。

一、传统吉祥文化体系的借鉴与学习

趋吉避凶的吉祥文化体系，承载着人们追求幸福、美好、平安，祈福吉祥的生活愿望，祈福的民族心理在人们衣食住行的诸多方面得以体现，现简单归纳总结如下。

（一）吉祥色彩

中华民族有着独特的文脉体系，在不同朝代，统治阶层崇尚的色彩各不相同，色彩体系中对不同等级、地位的人群着装有着明确的规定。“贞观四年又制，三品以上服紫，五品以下服绯。六品、七品服绿，八品、九品服以青，带以鍮石。妇人从夫色”[1]，纵观延续289年的唐朝，统治阶层崇尚紫色。从《旧唐书》中我们可以明确地看出，在色彩体系构建中，色彩所象征的权力、等级、社会地位等更加明确化和制度化，本无贵贱高低象征的色彩由于与权力紧密相连，便被赋予了独特的社会属性，将人进行三六九等划分的同时，也被赋予了不同等级和阶层的象征。色彩的传统吉祥文化体系以民间婚嫁色彩体系中红色为喜庆、吉祥的寓意最为典型。

（二）吉祥纹样

在唐代首饰、金银器中具有吉祥寓意的瑞兽纹、植物纹等纹样众多，当代首饰设计师对其活化设计的案例也比比皆是。独立设计师程园设计的《唐舞马》作品（图8-3），就是以浮雕昭陵六骏、金银器舞马衔杯皮囊银壶、唐三彩马俑、章怀太子墓室壁画《打马球图》中的唐马为灵感来源，这些唐马具有非常典型的特征。通过深入研究唐马的神态、造型语言特征以及其精神内涵，提取出

[1] 刘昫，等. 旧唐书：卷四十五［M］. 北京：中华书局，1975：1952.

图8-3 《唐舞马》，程园作品

唐马头小颈长、膘肥体壮的时代造型特点，雕蜡铸造出缓步徐行的金马立于唐卷草纹包镶的大颗绿松石上，将唐马的内在精神表现得淋漓尽致，给人一种浪漫、活泼的感觉。以当代时尚的造型语言、材料配置、色彩搭配、制作工艺与文化内涵展现古朴之美，作品带有强烈的个人风格特征，是吉祥纹样活化的典型案例。

（三）吉祥文字

我们最为常见的吉祥文字图形主要有“福”“禄”“寿”“喜”等，在唐代，典型的吉祥文字有女皇武则天自创的文字“卍”，寓意着“吉祥”“清净”“圆满”，在唐代首饰、金银器中也常出现，品牌周大福《传承》系列就是使用了“福”字寓意吉祥，以文化传承引导消费。

简而言之，设计师可以通过搜集、整理传统的吉祥纹样、色彩或文字元素，对其文化内涵进行萃取，将纹样的形式、色彩的寓意结合当下时代特征进行再创作。对传统吉祥文化体系的学习和借鉴将成为演绎“国风”的重要表现形式。

二、传统造物理念的借鉴与学习

唐代首饰、金银器造物过程中的诸多传统理念同样是今天首饰设计行业学习和借鉴的对象。宏观上来说，“天人合一”的造物观是我们民族一脉传承的设计观，不仅影响了唐代，同样也是我们今天造物活动所应遵循的观念。《考工记》一书是截至目前已知的这一思想最早的理论集大成者，例如它阐释的“天有时、地有气、材有美、工有巧，合此四者然后可以为良”[1]，其中“天、地、材”都为自然存在的部分，也就是“天”的部分、自然的部分，而“工”则是制作工艺、技巧等，属于“人”的部分，只有“天”“人”合为一个完整的整体，设计制作出来的产品才会是优质的产品。这样的设计理念贯穿《考工记》全文，可以说这一造物观是一以贯之的，延续了几千年的传统设计美学观与价值标准。作为今天的珠宝首饰设计师，学习借鉴“天人合一”的造物观，从宏观上而言，可以多从对环境的保护、减少

[1] 张道一. 考工记注译［M］. 西安：陕西人民出版社，2004：10.

自然资源的浪费等角度来进行创作；从微观上而言，“应物象形”“金玉配”的造型观，是在形态设计、工艺制作中产生的，是首饰行业独有的造物理念，我们应对其进行深入研究并推广。

三、材料选择方法的借鉴与学习

关于材料的选择方法，《考工记》的表述为“审曲面势，以饬五材，以辨民器”[1]，这就要求造物者对物材的形状、性能、光泽、内外纹样及表面肌理应了然于胸，从而因材施艺。

随着时代的发展，首饰的属性和材料的选用也发生了巨大的变化，相对于古董珠宝首饰或称之为正珠宝首饰而言，当代首饰主要分为艺术首饰和商业首饰。“艺术首饰往往是为了表达自我、塑造某种情感或想法，而不是单纯为了销售盈利而产生的。它们在造型和材料的选择上更加自由，且常以‘孤品’的形式存在。商业首饰的本质属性实际上就是商品，是为了出售而生产的劳动成果。商业首饰在市面上能见到不少的复制品，在造型与材料的选择上都显得比较拘谨”[2]。在材料的选用上，东西方古董珠宝首饰有着较大差异，西方首饰多选用钻石，而东方传统首饰则喜欢玉石，这与东西方的文化价值观有着直接关系。钻石有着十分明确的分级体系，价格随着钻石的等级发生直接变化，“一就是一，透明就是透明”，体现的是一种理性的、逻辑性极强的文化价值体系，而我们则是崇尚玉文化的国度，强调玉石从色彩、透明度上传递出的“透与不透之间”的中庸哲学观念。玉石不仅仅是一种材料，更是一种品格的象征，正所谓“君子如玉”，强调君子温润如玉、光华内敛、和光同尘的品质，是一种模糊化、包容性的概念。同时，在材料使用上特别强调金、玉配，正所谓“金玉良言”“金枝玉叶”“金童玉女”等，四大名著之一的《红楼梦》更是以金玉配贯穿全书，何家村出土的一对金镶玉手镯也是金玉配造型观的代表作品。

当代商业首饰从材料的选用上来看，东西方差异逐渐变小，逐渐趋同，特别是我们作为全球最大奢侈品消费大国，西方珠宝首饰奢侈品牌被越来越多的国人接受，Tiffany&Co、Harry Winston、Cartier、Van Cleef&Arpels等世界一线品牌纷纷在国内开门店。在当代中国婚姻中，越来越多的改变传统男方家庭长辈给女方准备结婚“三金”（金戒指、金耳环和金项链）或“五金”（金项链、金戒指、金耳环、金手镯、金吊坠）的习俗，越来越多的年轻人选择以钻石戒指为定情物，趋向西方化。

如果说古董珠宝首饰或商业首饰的材料选用在东西方或多或少还有差异，那么在艺术首饰领域，东西方材料选用已日益趋同，材料往往只是起承载设计师设计理念的媒介或载体作用。设计师可以选择用来表达其创作理念的任何材料来制作首饰，没有了贵金属和非贵金属，宝石、半宝石和普通石材等的界线，材料在这里是设计师或者说首饰艺

[1] 张道一. 考工记注译［M］. 西安：陕西人民出版社，2004：2.
[2] 陈楷. 艺术首饰与商业首饰的概念［J］. 艺海：文化心旅，2020，（9）：178.

术家设计理念的载体。无论是传统贵金属、宝石等材料，还是现代科技研发出来的新材料，抑或是废弃的垃圾材料等，都只是表达设计师创作理念的媒介，材料的肌理、纹样、色彩以及塑造成型后的廓形等才是设计师关注的重点，对材料价格的考虑往往退居其后。

设计师对于珠宝首饰设计制作材料的选用，通常有两种情形：一种是先进行创意设计，确定设计方案之后，再依据方案选择相适应的制作材料；另一种是“因材施艺”，即从手头现存材料的廓形、质感、肌理或承载意义进行构思，随形就形，充分利用材料的自然属性。

在当下，唐代首饰、金银器中材料的应用观也应成为我们学习和借鉴的元素之一。金玉文化应被再认识，特别是金玉组合选材观作为首饰行业独有的造物理念是我们学习和借鉴的优秀范本，但由于我们传统金玉文化生态体系受到西方时尚文化理念的冲击，如施华洛世奇品牌仅仅以水晶为材料制作首饰，就能销售出昂贵的价格，成为奢侈品，这就迫切地需要当代的珠宝首饰、金银器设计师深挖我们的金玉文化体系。

四、传统制作工艺的继承及应用

对传统文化元素的继承还包括对传统制作工艺的学习与应用，正所谓“笔墨当随时代”，不同的时代有不同的艺术形式、工艺种类，手工艺在每一时代的艺术特色与其工艺手法都是紧密相连的，不同的审美时尚会产生不同的工艺手段，设计风格与时代具有同步性。当代首饰所呈现出来的时代特质也必须有相同的工艺与之相匹配，工艺水平达不到相应的高度，图形、器形设计得再优美，再气势磅礴也只能是粗制滥造，也就是说相应的工艺高度是为了支撑相应的时代艺术创作作品的。

国内用传统文化元素进行当代首饰设计的品牌代表有深圳的奢侈品品牌TTF等，设计师代表有北京的王焜、程园等，这些品牌或独立设计师通过自己的实践，将传统文化元素、制作工艺融合到当代首饰设计制作中，在时尚中透着传统文化的脉络，他们是这个时代传统文化的延续者，同时也是时尚首饰的创造者。我们应以积极的、坚定不移的态度去研究传统首饰，以辉煌灿烂的唐代首饰为范本，并通过唐代首饰的纹样、材料、制作工艺等分析其所折射出来的文化现象，以当代视角解读这些文化现象，将其应用到珠宝首饰设计中，为我国的首饰国际化提供更加广阔的舞台，让世界知道我们是有着独特文化魅力的国家。

五、传统器形、纹样的提取再设计

唐代首饰的器形、纹样承载着与同时代的诗歌、雕塑、建筑、绘画等艺术作品相同的文化价值，对其深入研究可以为我们今天的首饰设计提供一种参照。也就是说，现代首饰设计师在进行设计的过程中，可以深度研究唐代首饰的造物者在造物过程中是如何进行创作的，其创作的视角是什么，造物者设计、制作首饰的器形、纹样是站在实用性、审美性还是装饰性的视角进行思考的。解构其廓形、纹样，深入研究其造型特点、艺术风格、制作工艺以及所蕴含的文化价值观，结合今天常用的极简主义设计观、流行趋势、文化消费心理等对传统文化元素进行全新解读，重构出符合市场需求或展览需要的首饰，这是一种站在历史“巨人”的肩膀上进行设计与创作的方法和观念，这样设计制作出的首饰，创意、灵感都有其根源，在形态的背后承载着民族文化的基因，同时又具有创新性和时尚性。

以笔者的设计《2020·跃》系列首饰为例（图8-4），其设计灵感来源于传统的云水纹及鱼纹，该作品希望从外轮廓形态、材质、纹样、工艺等角度发掘传统优秀文化在时尚创意设计的多重可能性。同时传递中国时尚精神的“国之大者”的使命感和责任感，寓意“与新冠疫情的战斗，其过程犹如鱼化龙一般困难，但我们无畏艰辛，最终全国人民‘逆流而上、逆光而行’，一举成功，战胜疫情”。将经典纹样的廓形、典型特征以及文化寓意进行提炼、概况、融合，糅杂到自己的设计方案中，以介于抽象和具象之间的形态表达出来，在时尚中蕴含着传统文化的根脉，同时，透过传统纹样元素让消费者和观众能够十分清晰地看到作品的时尚性。正如李超德等老师在《设计的文化立场——中国设计话语权研究》一书中所说，“表面看是设计图形的物质外显问题，实则是隐含在设计表象之下并建立在经济发展基础之上的，人们对生活方式、生活趣味、生活品质、生活价值的一种文化

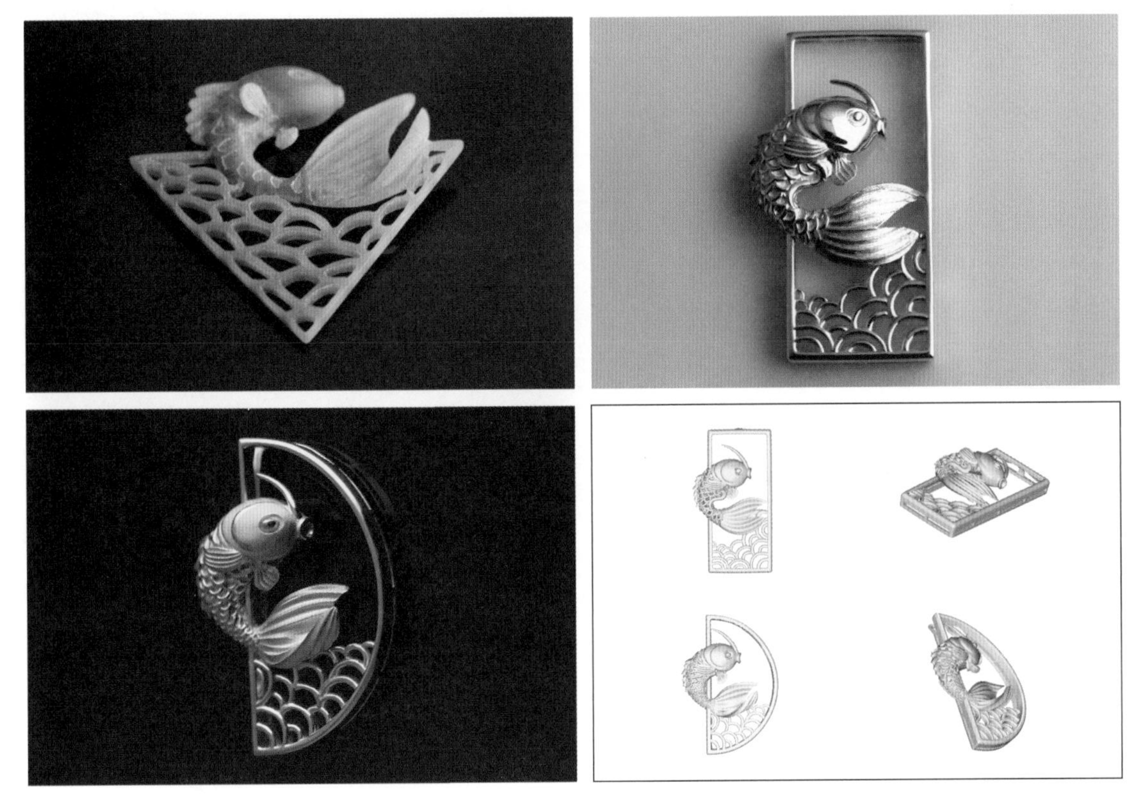

图8-4 《2020·跃》，段丙文作品

要求”[1]。

简而言之，对唐代首饰的器形、纹样的学习和借鉴，其核心目的是要将其承载、携带的文化基因应用到当代首饰设计之中，且符合时尚的流行趋势，“国潮风”不是简单的对器物形态、纹样工艺的模仿，而是对深层文化的解读，并积极地向外传播。

第三节 借鉴唐文化元素进行现代首饰创意设计的缘由及训练

一、借鉴唐文化元素进行首饰创意设计的缘由

唐代首饰、金银器如何结合时尚流行元素进行当代化的设计？通过学习借鉴唐代首饰设计与制作、纹样与工艺等诸多方面呈现的文化现象，多能找寻到共通之点。由于金银材质特有的属性，历经千百年不朽，这为我们今天解读唐代首饰、金银器的器形、纹样、制作工艺提供了可信度，加上绘画、墓室壁画以及文献记录的相互佐证。唐代首饰、金银器可以成为我们解读东西方文化在这个历史阶段相互传播、交流、融合然后独立发展的一把钥匙，从而启迪我们在首饰领域的文化复兴，从造型设计、制作工艺、文化特质、佩戴方式等方面予以借鉴和学习，犹如一面镜子，作为今天我们面对东西方文化的参照物。当然，研究首饰、金银器的核心还在于解读其与人之间乃至和时代之间的关系，站在文化自信的角度进行活化设计，探索构建当代中国设计的价值体系。

首饰创意设计的图形、方案尚未呈现在设计师脑海之前，探寻其方案的过程犹如在漆黑的夜晚踽踽前行，所幸唐代造物者为我们留下了前行的路标——考古发掘的首饰、金银器作品，以及从作品中折射出来的造物理念、造物过程、制作工艺等。对唐代首饰、金银器的学习，核心就是学习其创作方式、方法，并以此来指导我们的创新实践。

现代首饰设计是将艺术与技术、流行趋势与市场、传统文化与时尚等多种要素不断协调、平衡并实施方案的创作过程，在这个过程中，传统与时尚、解构与重建、抽象与具象、湮灭与活化再生共存一体。在借鉴唐文化元素进行创意设计的过程中，一方面，不能单纯地仅仅表达本源文化的属性，而忽略首饰形态及佩戴的视觉审美性、独特性及消费市场的需求，如何将传统文化解构之后再重构，这是当下首饰设计师应思考与探索并勇敢面对的问题；另一方面，还要接受和应用新观念、新材料、新工艺，将唐文化融入体现时代流行趋势的创意产品之中，体现出极强的创新性。以独立首饰设计师王焜为例，他崇尚中华文化，以唐代首饰、金银器

[1] 李超德，束霞平，卢海粟. 设计的文化立场——中国设计话语权研究［M］. 南京：江苏凤凰美术出版社，2015：162.

等文化元素为创作背景，同时结合多年加拿大留学所学的西方设计语言为基础，寻找现代审美的平衡点是其设计理念与追求。他不是简单地将卷草纹样、镂空工艺生搬硬套地应用到设计作品中，而是一种真正意义上的继承与发扬。他的作品是融原创性、商业性、艺术性与传统于一体的最好诠释，将传统文化元素自然地融合、糅杂到自己的设计方案中，透过卷草纹这一传统元素我们依然能够十分清晰地解读到时尚要素。他的创新不是空穴来风，而是站在"唐文化"这一巨人的肩上的创新，并将时尚元素融入唐卷草纹样中，形成了新中式风格，这样的设计是根植于传统文化的土壤之上的，是一种活化式的向传统学习的方法。

构建"以传统为根，创新为本"的理念，就是现代首饰创意设计思维训练的方法核心价值所在。

二、借鉴唐文化元素进行创意设计的训练方法

（一）限定性与非限定性的首饰创意设计训练

在进行唐文化元素的首饰创意设计训练过程中，可以分为限定性与非限定性题材训练。在限定性题材训练中，可以按照器形、纹样、工艺等设计主题进行分类练习，以纹样为例，可以将纹样按照人物、动物、植物、几何等类别依次进行创意练习，以此作为灵感的来源，同步借鉴唐代造物者的创意设计理念，从图形的模仿开始，逐步进行变形、提炼加工成符合今天流行趋势的人物形态。非限定性题材训练则是打破器形、纹样、材料、佩戴方式等的界限约束，综合所能想到的一切文化元素，打破唐代的时间界限，甚至可能出现"关公战秦琼"的历史时空错位现象，将传统文化元素作为灵感来源进行杂糅、融合、提炼、萃取，将所需要的部分经过了精炼，再加上当下的流行元素，透过作品我们隐约能够看到传统文脉的影子。

限定性与非限定性唐文化元素的首饰创意设计训练，没有优劣好坏之分，其目的仅仅是为了更加直接、直观地进行传统文化学习。

（二）从形式、功能入手的唐文化元素首饰创意设计训练

唐代首饰、金银器在造物者进行设计和制作的过程中，不同阶层及使用场合不同，则偏重也有所不同。大体而言，礼仪服饰多侧重形式感、装饰性强，而常服服饰则体现实用性强。对于艺术性与实用性高度统一的当代首饰设计而言，无论是从形式上还是从功能上作为设计的起点都是可行的。

以上海世博会英国馆、丹麦建筑师伍重设计的悉尼歌剧院以及高迪设计的圣家族大教堂为例，在钢筋水泥加大玻璃幕墙的"方盒子"实用主义建筑大行其道的时代，他们逆向而行，将建筑设计成如同雕塑一样的艺术品，在保留其相应的实用功能的同时，更加注重形态的审美性。从多个角度阐释现代建筑的独特魅力，当然上海世博会英国馆、悉尼歌剧院带给我们最大的启示还是设计观

念的改变，突破传统设计观念的束缚与制约，突破传统材料的材质、工艺等的约束，以一种全新的视角进行设计，形态的创新性要求远远高于它本体的功能性需求。当代建筑都可以突破至此，何况提倡重视个性需求和人性化的首饰设计。如何创造一款既有深厚的民族文化基因，又有个性化设计风格的首饰，将审美性（形式）、实用性（功能）、经济性、工艺性、可佩戴性以及其承载的文化基因融合于一体，真正实现实用与美观、形式与内容、物质与精神的高度统一，这应该是我们作为首饰设计师应承担的时代责任。

（三）提取唐文化元素进行当代首饰创意设计

以唐文化元素为灵感来源的首饰创意设计，手法是多样的，最为常用的手法有缩小、放大、解剖、打散重构、截取局部等，通过诸多头脑风暴式的创意手法，产生全新创意的首饰图形或方案。在构思和创意过程中，尽可能激发创造性，绘制的草图越多越好。

以唐卷草为灵感来源进行创意设计为例，我们可以把唐卷草的各种骨骼形式进行图形化的概括提炼，采用等比缩小、局部放大的方式，把唐卷草的经典图示作为设计的基本形态单元，设计一款开合式的项坠或耳钉，佩戴时打开或合上呈现不同造型的卷草形态，犹如两款首饰。打散重构则是将唐卷草形态肢解，改变原有形态、结构，以新的方式重组。截取局部就是把唐卷草形态通过打孔、切割、断置等方式改变唐卷草的形态，创作出全新的、符合时尚流行趋势的创意首饰。

当然，在设计实践当中，针对不同的客户或消费者进行唐文化元素的首饰创意设计时，既可以采用某一种单一手法进行首饰创意设计，也可以采用混合式、交叉式的设计手法，核心是将传统的素材、设计元素打散重构，通过全新的组合创造出蕴含民族文化元素又符合时尚流行趋势的首饰作品。

（四）首饰设计草图记录方式

以丰富多样、千姿百态的唐代首饰、金银器为提炼、萃取创作素材的灵感来源，将灵感的缘起、发展过程用视觉语言快速记录下来，以保存图像或创意观念的轮廓。绘制草图是最为行之有效的创作方式，草图对于设计师而言十分重要，是一切后续方案的源头和起点，“设计草图在设计的不同阶段发挥着不同的作用，尤其是设计的整合阶段，探索性的产品手绘图能帮助设计师更直观地分析并评估设计概念：①帮助设计师分析并探索设计问题的范畴。②作为联想更多设计创意的起点。③帮助设计师探索产品造型、意义、功能及美学特征”[1]。

在此基础上，设计师通过修改与完善草图，不断细化和调整作品的造型、结构、比例、色彩、材料质地、工艺方法等，修订完善草图方案，并从中挑选出可行性较高的设计方案进行打样，为加工制作最终的实物做

[1] 代尔夫特理工大学工业设计工程学院．设计方法与策略——代尔夫特设计指南［M］．倪裕伟，译．武汉：华中科技大学出版社．2019：163．

出前期方案的研判以提供依据，减少设计制作的盲目性。

当然，绘制草图的方式方法因人而异，形式多样，以下几种记录灵感来源的方法可供参考。

1. 线型草图

线型草图绘制方式是指以纯线条的方式勾勒形态的大轮廓，其优点是能够快速、简洁地捕获基本创意形态，缺点是单纯的线条难以表达材料的质感、表面肌理以及色彩，包括复杂的形态以及前后空间穿插关系也很难精确地呈现。由于绘制草图处于设计创作的起始阶段，最终选用的形态方案尚不清晰，可以说还处于创作的混沌阶段、摸索阶段，但寥寥几笔勾勒出的线条，却能成为设计师在后续深化设计方案的过程中判断可行性的依据。以《风骨》的创作为例（图8-5），通过前期大量地绘制线型草图，不断探索设计方案的可行性、多样性，而每幅草图所花的时间不过几十秒甚至几秒钟而已，时间短、速度快，也不受工作环境等外部条件的过多限制，只需一支笔、一张纸、一个电子手绘板或手机，在会议期间、旅途之中、享受茶肴等过程中，可以随时进行记录。因此线型草图绘制方式是设计师进行绘画、雕塑等艺术创作时最为常用的记录灵感来源的方法。

2. 明暗式草图

明暗式草图绘制方式即采用全因素素描手法绘制出物体明暗关系的草图纪录方法，绘制的形态能够在二维平面空间模拟三维立体空间关系，在一定程度上能够表达出形态在空间中的变化和结构穿插关系。

3. 线面式草图

线面式草图绘制的方式结合了线型草图和明暗式草图绘制方式，在物体形态的局部绘制明暗立体关系或局部描摹材料的质感等。

4. 结构式草图

结构式草图绘制方式即采用轴测图绘制手法创作出首饰在内外空间中的结构穿插关系，其侧重点是通过线性图式语言将首饰的廓形、纹样及内在结构表达清晰、完整。

5. 电脑建模式草图

通过各种电脑软件，如犀牛、3DMAX、MAYA、首饰设计CAD等建立模型，可以展示首饰的穿戴效果、佩戴部位及佩戴方式，也可以模拟珠宝首饰的制作工艺和材料的色彩、质感肌理等。其缺点是建模时间往往较长，不利于前期绘制创意草图快速、高效的需要，但可以作为设计师细化方案阶段的有效补充手段。当然，随着手绘板技术的更新

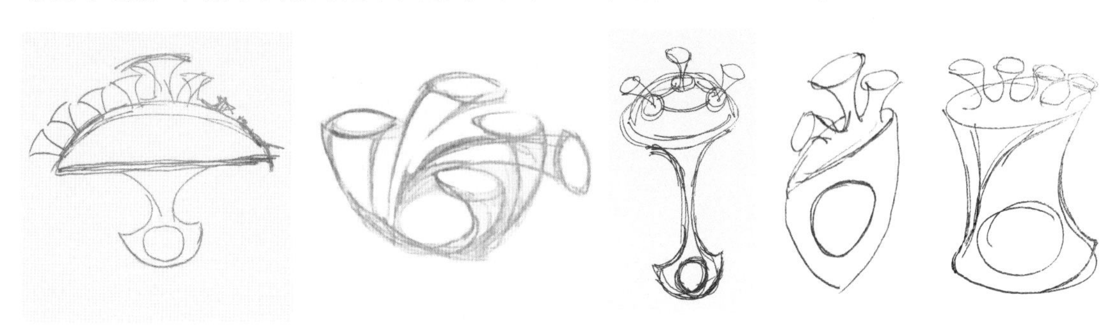

图8-5 《风骨》草图，段丙文手绘

迭代，借助电脑、iPad等电子设备进行草图绘制，必然会越来越便捷。

以2019级伍柏燃同学《箕篓子》创作作品为例（图8-6），该系列作品以民艺竹编为灵感，通过提取箕篓子的外形结构，采用犀牛软件建模的方式把作品款式构思阶段和模型建构阶段的工作合二为一，直接把脑海中的产品形象通过模型输出。当模型初具规模后，便进入细节调整阶段，融入首饰设计语言，如把点状结构改成宝石镶嵌或珍珠钉镶等，随后放入KeyShot软件进行材质渲染，最后运用PS技术与模特合成和排版。

6. 图文式草图

当绘制的草图无法完整记录设计师的灵感来源，特别是设计作品所需呈现的材料肌理、制作工艺以及内部复杂的结构等时，设计师可以用简要的文字说明进行辅助记录，作为未来深入推敲方案时的参考。

7. 剪纸式草图

此种绘制方式即用剪刀快速地剪出物体轮廓的形态，其优点是能够较为直观地确认作品的尺寸大小，这种记录首饰创意灵感的方式在传统的手工艺人中比较常见。以2022届本科毕业生张潘婷同学的毕业创作草图为例（图8-7），该系列作品采用剪纸手法，快速获得多款创意草图。

8. 模型式草图

使用模型式草图创作方法时，常用的材料有泥、石膏粉、绿蜡或牙医使用的红蜡等，其优点是可以快速地将设计方案以立体的、直观的形态呈现出来，能够将实际制作过程中的工艺难点暴露出来，并为实操制作提供宝贵的解决方案。它的缺点就是不够便捷、快速，笔者创作的《骨之毅》系列作品的模型就是采用绿蜡雕刻而成（图8-8）。

当然，不同的设计师有不同的创作体系，正所谓“法无定法”。在以唐代首饰、金银器的廓形、纹样或其他元素为灵感来源的设计方向确立下来后，以上记录灵感来源的方法均可供参考。

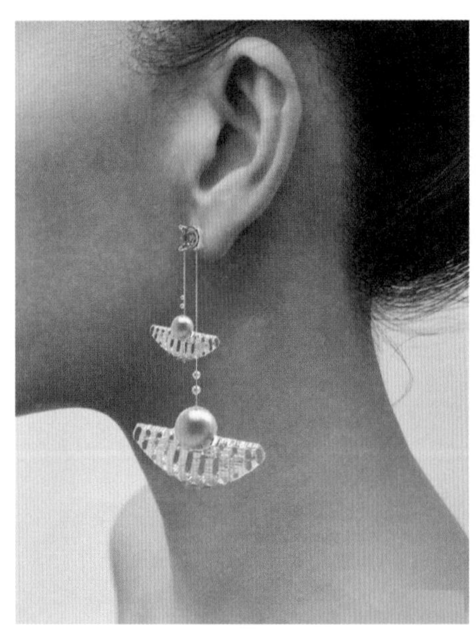

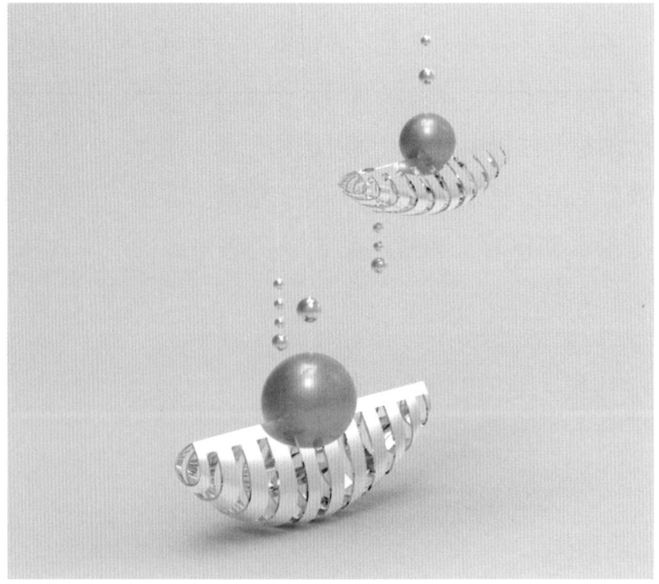

图8-6 《箕篓子》，伍柏燃作品，指导教师：段丙文

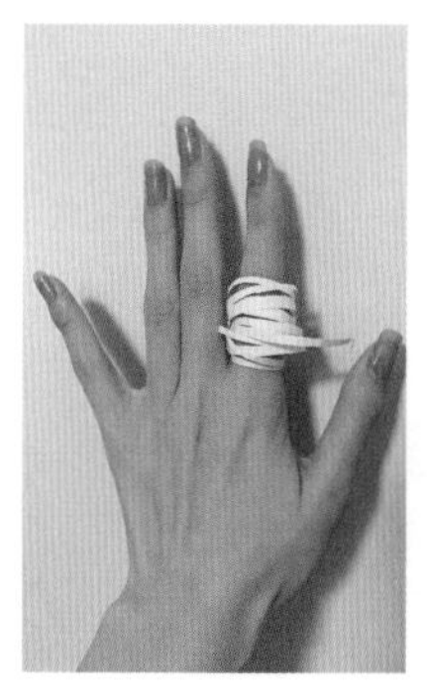 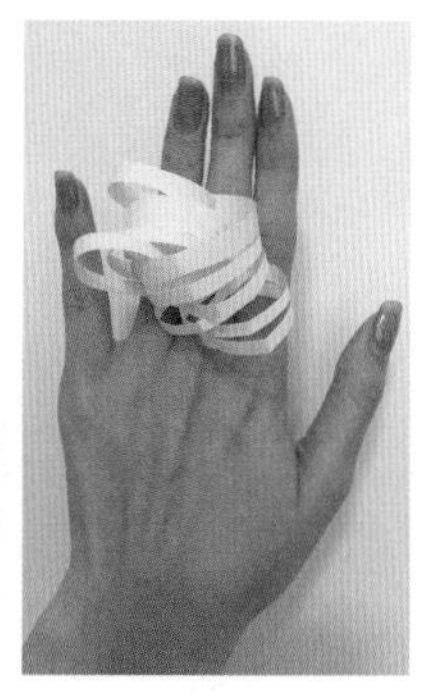 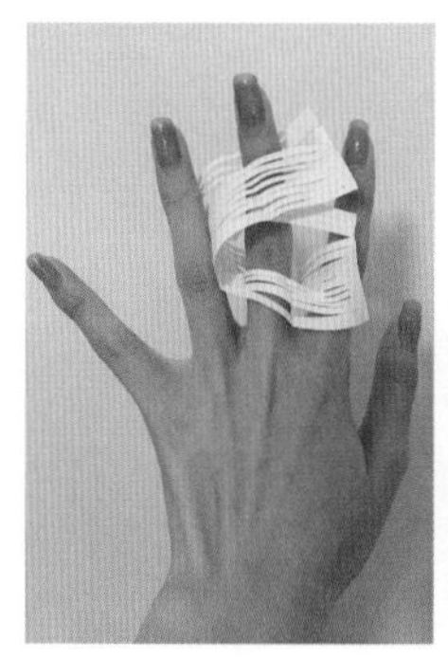 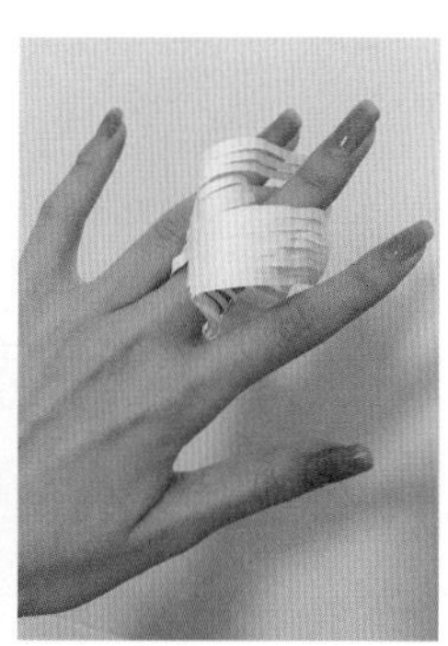 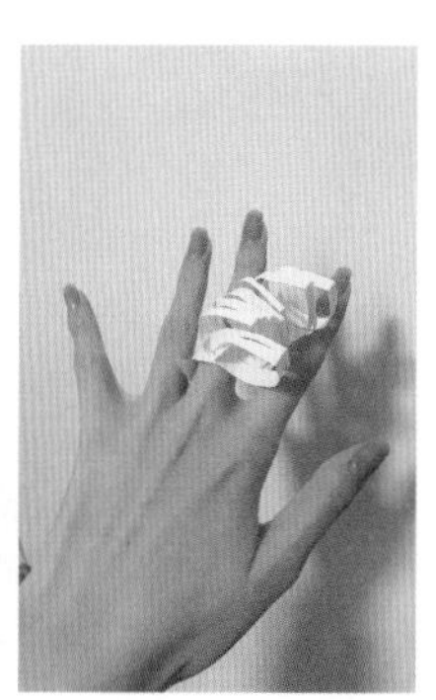

图8-7 剪纸首饰创作草图，张潘婷作品，指导教师：段丙文

《骨之毅》蜡模

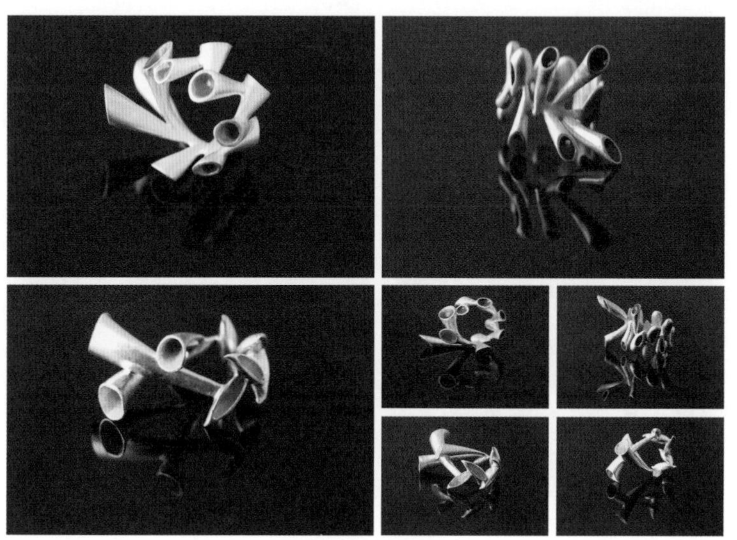

《骨之毅》实物

图8-8 《骨之毅》，段丙文作品

第九章

唐代首饰、金银器活化设计案例

第一节 概述

造物活动是以形态、纹样以及手工制作等为表象和载体的社会活动，其反映的是人类日常生活需求以及这种需求背后承载的权力、制度、价值观、审美观，最终形成一个时代、国家或民族的设计观。如“天人合一”“重己役物”等传统造物观，提倡人与自然要和谐共处，物为人用的理念。浅层次的造物活动是对自然人的关怀，注重自然人的情感、精神世界，以自然人为中心和尺度探讨物的实用性与审美性。深层次的造物活动则是以社会人所处时代的礼制、阶层、财富、商业利益，一个民族或地区人群共有的审美观、价值观等为标准的创造性社会活动。

无论是旧石器时代还是新石器时代，在人类造物活动初期，从人类打磨第一块石头作为狩猎、农耕或渔猎的工具，并将其作为获取基本生存物质条件的实用器开始，其实用性产生的同时，审美性也伴随而生，首饰造物活动便是典型案例。人类将磨制的石头携带在手腕或悬挂在腰部，以便狩猎时作为工具使用，其兼具首饰的佩戴性与装饰性功能。与此同时，完成狩猎后将猛兽的兽骨和兽牙佩戴在身上，人类开始有意通过佩戴首饰来装饰身体，审美意识开始觉醒，佩戴首饰这一举动从无意识行为变成为有意为之。也就是说，从人类开始自觉生产、制造工具的那一刻起，精神世界与物质世界便统一为一体，其造物活动自然也拥有了精神性和物质性。随着人类文明的发展，两者各自的内涵愈加丰富，甚至出现将两者割裂开的现象，特别是作为礼器、明器等精神性象征的器物似乎只剩其精神性属性了，而作为日常生活的实用器物也只有实用性属性。这也是“道”与“器”两者之间常常引起争论的原因，回归造物活动的本质，“道与器同”“器以载道”，两者不过是事物的一体两面。

今天，我们所处的时代特征与唐代有着诸多的不同，全球的造物活动呈现出巨大的资源浪费、产能过剩、环境严重污染、不可降解的垃圾堆积如山、过度的时尚消费等现象，“天人合一”的造物观正好是一剂治疗这个时代“顽疾固症”的良药，这种克制的、以人为本的、强调人与自然和谐共处的“善意”造物观才是可持久的、绿色造物观和消费观，良性的价值观和审美观。以传统文化为切入点，立足中华民族传统文化的当代活化设计研究，站在唐文化元素的视角去观察世界，以唐代首饰、金银器为研究样本，对其形制、装饰纹样等从美学、人文社会科学等角度加以赏析，进行文化阐释，描绘其形态、审美特征，梳理唐代首饰、金银器的发展脉络并将其承载的民族意识形态、价值观念、文化观念、社会现象各个方面进行梳理，进而探讨其如何与外来文化通过碰撞、吸纳、消化、融合后，形成一个全新的文化载体，从而构建了具有东方文化属性的时尚。作为当代设计师，我们应积极主动地学习唐代接纳外来文化开放的胸襟与气度，同时又不丢失自身的文化价值观，坚守自己的文化立场。

中华优秀传统文化需要被更多人看到、认识，而我们所知所见的唐代首饰、金银器就蕴含着唐文化的精髓与糟粕，将其当代化设计就是要汲取精华、去除糟粕，用其精华部分帮助我们当代设计，构建人与自然和谐共存的造物观，这也正是陕西省教育厅重点项目“唐代首饰活化设计与数字化展演应用研究”（项目编号：20JZ074）的核心价值所在。真正让我们今天的造物者及佩戴者自然而然地接纳、热爱我们的文化立场及审美特征，我们的审美观、民族文化心理是历经上下五千年积淀的成果，并且一脉传承。尽管我们有过多次外来文化的入侵，但我们的文脉从未中断，一直处于不断融合、不断扬弃的过程中。

对唐代首饰、金银器深入挖掘，并将其系统化、逻辑化整理，这条道路漫长而又艰辛，通过当代诸多学者的共同努力，让人真切地感受到以唐代首饰、金银器为代表的唐文化的魅力，被瑰丽恢宏的器物器形、纹样以及精湛的制作工艺所折服，形成具有新中式风格和特征的文化体系，从而推动中国文化的进步和飞跃。作为传统文化遗产的继承者、后学之辈，我们有责任和义务将这些优秀的传统文化进行活化，使其适应当代语境，例如对唐代玉带銙历史、文化内涵及其艺术特征的梳理和研究，从中探寻传统工艺、佩戴方式等与当代语境的结合点，设计出既符合当代语境，又具有传统文化底蕴的时尚首饰设计作品，让传统文化走进当代设计。这不仅是对传统文化和手工艺的传承，更是对其的发展和弘扬。

当然，我们要以审视的眼光面对传统文化，不可被传统文化所桎梏，捆绑住创意设计者的思维和手脚，而是要将我们的文化脉络融入当代首饰设计的时代特质中，使珠宝首饰在具有浓厚传统民族文化气息的同时，丰富首饰的多元化风格，使传统文化与当代时尚间的精华相互融合、相互碰撞，和谐发展。只有这样，才能让中国珠宝首饰设计在吸收外来文化的同时也不断地注入民族血液，从而创造出富有东方韵味的时尚首饰。

第二节　唐代首饰、金银器器形活化设计案例

案例一《唐韵》

从器形形态入手，探寻一种成器之道与时代的关系。一个时代必然有其特定的审美观，唐代女性以胖为美，表现出富态而雍容华贵的精神气质。唐代仕女俑、《簪花仕女

图》《虢国夫人游春图》等众多作品之中的女性都呈现出丰腴之美的审美现象，它是唐代流行的、时尚的审美价值取向，今天的首饰设计可以从中汲取、提炼其符合时尚流行的元素。以《唐韵》系列首饰设计作品为例（图9-1），将唐代侍女俑的器形形态进行抽象、概况，以一种意象化的形态语言将侍女俑的廓形、站立姿态以符合今天时尚审美的形态表达出来。将仕女俑具象的五官轮廓以及服饰造型化繁为简，高度概括和凝练，以抽象的形式语言来呈现仕女俑的文化内涵，而不是简单地把仕女俑的形态拷贝到作品中，真正做到在唐文化广袤肥沃的土壤上培育出时尚流行之花。

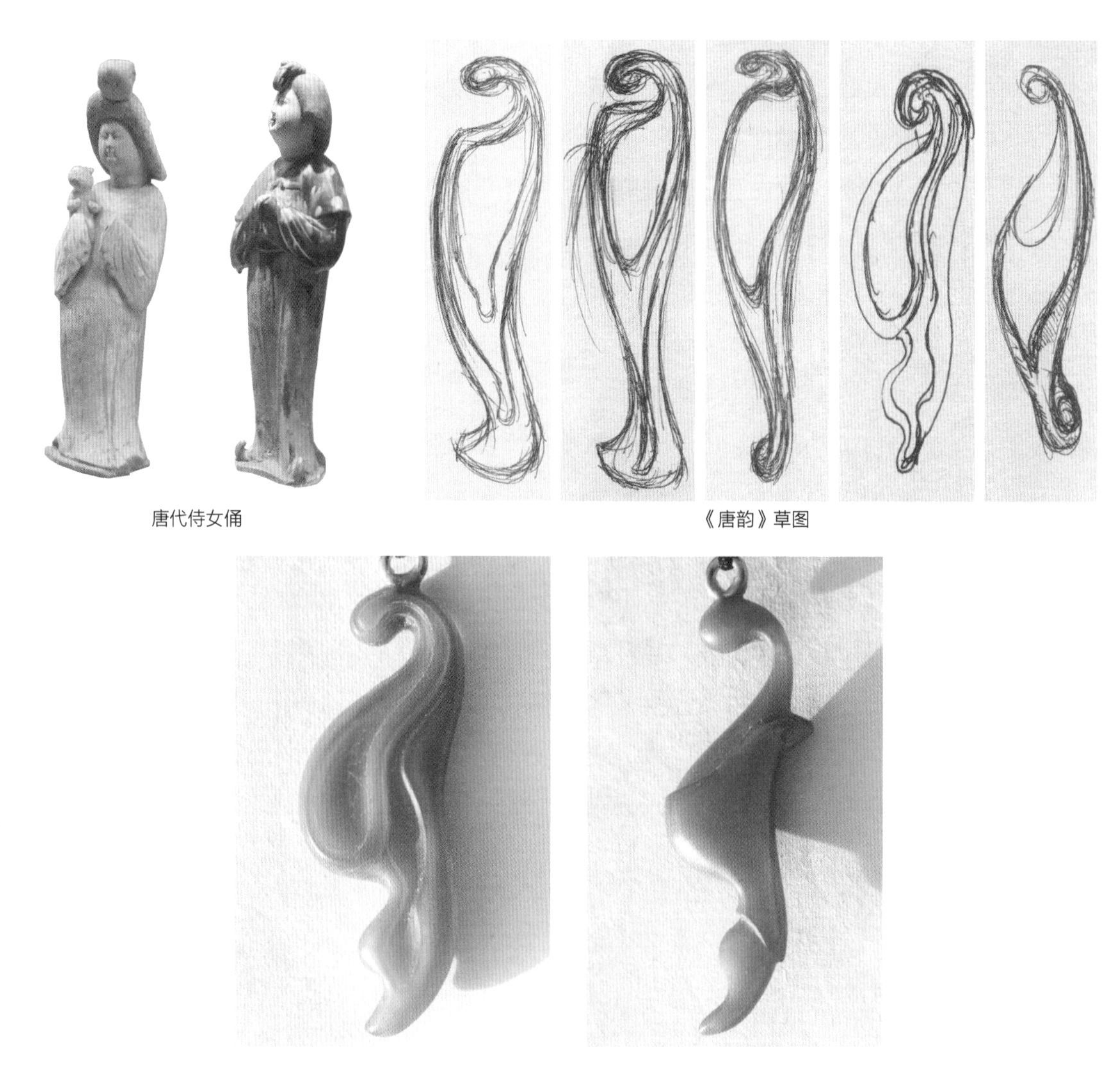

图9-1 《唐韵》，段丙文作品

案例二《丝路佛光》

独立设计师张文静《丝路佛光》系列首饰设计作品（图9-2）以唐代佛造像碑为设计灵感来源，设计风格高度凝练，青海黑青山料特殊的表皮带给作品造像碑一般历经千年形成的历史感，形成了丰富的肌理层次与视觉效果。通过黑青材料本身的质感和颜色的庄重来表现题材的神秘感，运用几何外形来表现石碑坚挺的力度，从而展现出虚实相生、张弛有度的节奏感，总体设计呈现出浑厚刚健的唐朝格调。

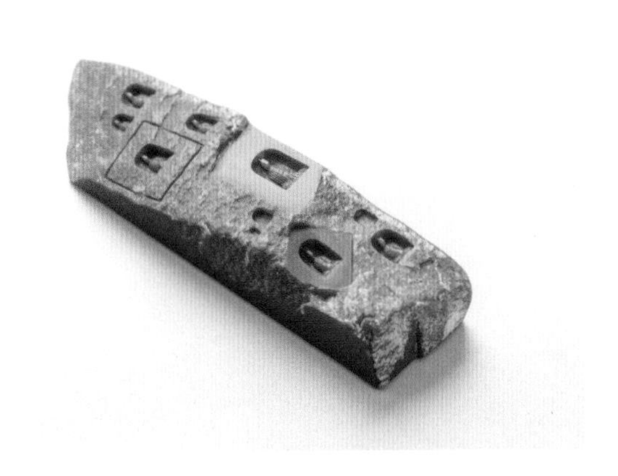

图9-2 《丝路佛光》，张文静作品

案例三 《巉》

作品《巉》的创作灵感来源于传统山水形态（图9-3），作品名称来源于李白《蜀道难》中的“问君西游何时还？畏途巉岩不可攀”，取“巉”的本意，即山势高峻。创作手法上结合剪纸中的层叠元素，使得最终造型呈现出一定的立体感与空间感，层次感较强。主要材质为金银箔，辅助以铜箔、铝箔和螺细，形成材质面积上的对比与调和关系。色彩主要为金银色，点缀以绿色，在统一、和谐的无彩色系中以小面积的绿色来丰富整个色彩画面。

图9-3 《巉》，付沁怡作品，指导教师：段丙文

案例四《千年》《交织》

作品《千年》《交织》（图9-4）以何家村出土的唐代凤鸟纹六曲银盘、鎏金翼兽纹六曲银盘的器型为设计灵感来源，将其造型进行解构、变形，与云纹、卷草纹等元素相结合，重构设计形态。主要材料为纯银、纱制品、珐琅，表现出一种过去与现在交织的感觉。

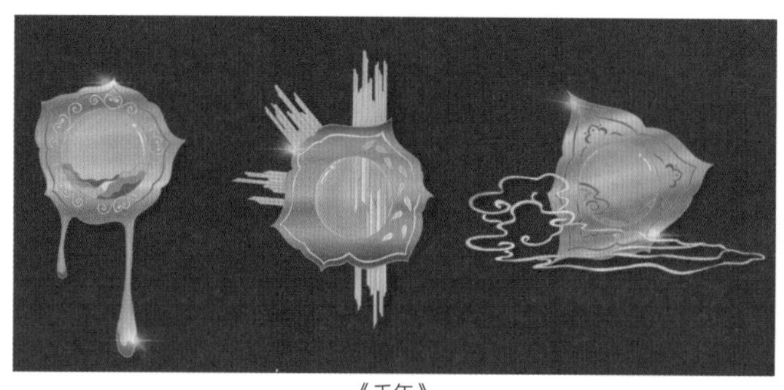

《千年》

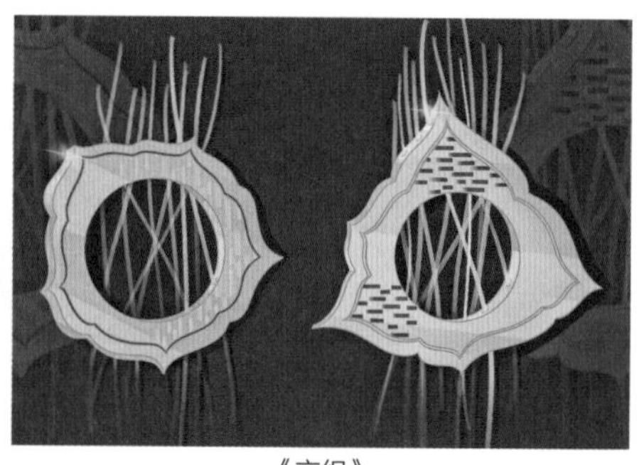

《交织》

图9-4 《千年》《交织》，侯媛笛作品，指导教师：段丙文

第三节 唐代首饰、金银器纹样活化设计案例

案例一《风伯》

《风伯》系列首饰作品（图9-5）展示了唐代动物纹样活化设计，以飞廉纹为灵感来源，通过萃取、提炼飞廉的主体形态，以平面构成中重复与渐变的构成手法将云纹与飞廉纹组成一个新的造型，融入当代首饰设计语言，结合唐代"衔绶纹"的吉祥寓意，在当代设计中融入传统元素。

图9-5 《风伯》，李文静作品，指导教师：段丙文

案例二《寻找》

作品《寻找》(图9-6)以传统的云水纹和猫咪为主体形态，时而凝聚，时而消散，通过猫咪的姿态变化，加上聚散变化万千的云朵形态，形成全新的符合时尚趋势的系列设计作品。材质上以银为主，制作工艺选用了银胎珐琅，主色调为蓝色，更加增添了作品的神秘感。作品整体富有一定的东方韵味，沉稳之中带一丝俏皮，含而不露。

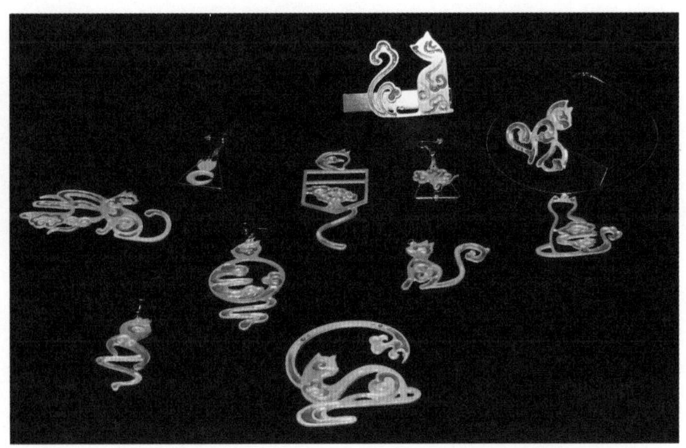

图9-6 《寻找》，焦旭悦作品，指导教师：段丙文

案例三《衍生》

作品《衍生》(图9-7)展示了唐代人物纹样活化设计，以唐代仕女陶俑人物纹样为设计主题，通过抽象变形的手法，在廓形上多采用曲线、弧线以保留唐代女性丰润饱满的姿态，流线型的形式美产生活泼、明快、舒适的手感以及柔和的美感。作品选用玻璃为主体创作材料，充分发挥出玻璃的可塑性、透明性及韧性等特点，带给人以“圆满”“柔顺”及“圆滑”等情感想象空间。

图9-7 《衍生》，谢玉娇作品，指导教师：段丙文

案例四《轮回》

作品《轮回》（图9-8）展示了唐代植物纹样活化设计，创作灵感来源于唐代折枝花纹样，采用白银制作树枝造型，盛开的花朵及绿叶采用传统刺绣工艺制作而成，硬质的白银与软质的绢丝在材料上形成软硬对比关系，同时，平面刺绣的花叶与立体的银枝在空间上形成立体形态与平面形态结合的关系。树枝上面的锆石代表秋冬季节的霜雪或露珠，暗喻生命轮回，生生不息。

图9-8 《轮回》，陈彬雨作品

案例五《萦绕》

作品《萦绕》（图9-9）的创作灵感来源于唐代丰富的植物纹样，以重复、聚散的现代构成手法创造出新的形态。在创作过程中，主要用黑白珠子、皮绒绳两种分别代表硬朗与柔软的材料结合，以串珠的形式表达大自然给人类带来的永无止境的想象与魅力。

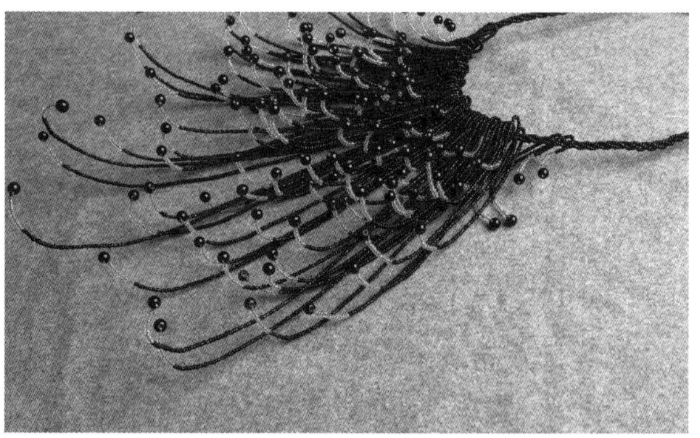

图9-9 《萦绕》，徐建敏作品，指导教师：段丙文

案例六《敦煌魂》

作品《敦煌魂》（图9-10）的创作灵感来源于敦煌藻井中的几何纹样与色彩，展示了唐代几何纹样活化设计。作品以白银与檀木为主要材料，在几何化的纹样上烧制珐琅，局部的彩色系与整体白银和黑檀木构成的无彩色系形成对比与调和的关系，银色与黑色更加衬托出珐琅彩高明度、高纯度艳丽、夺目的色彩倾向。简约的几何化廓形具有极强的市场性、佩戴性，符合当下市场对首饰的个性需求。

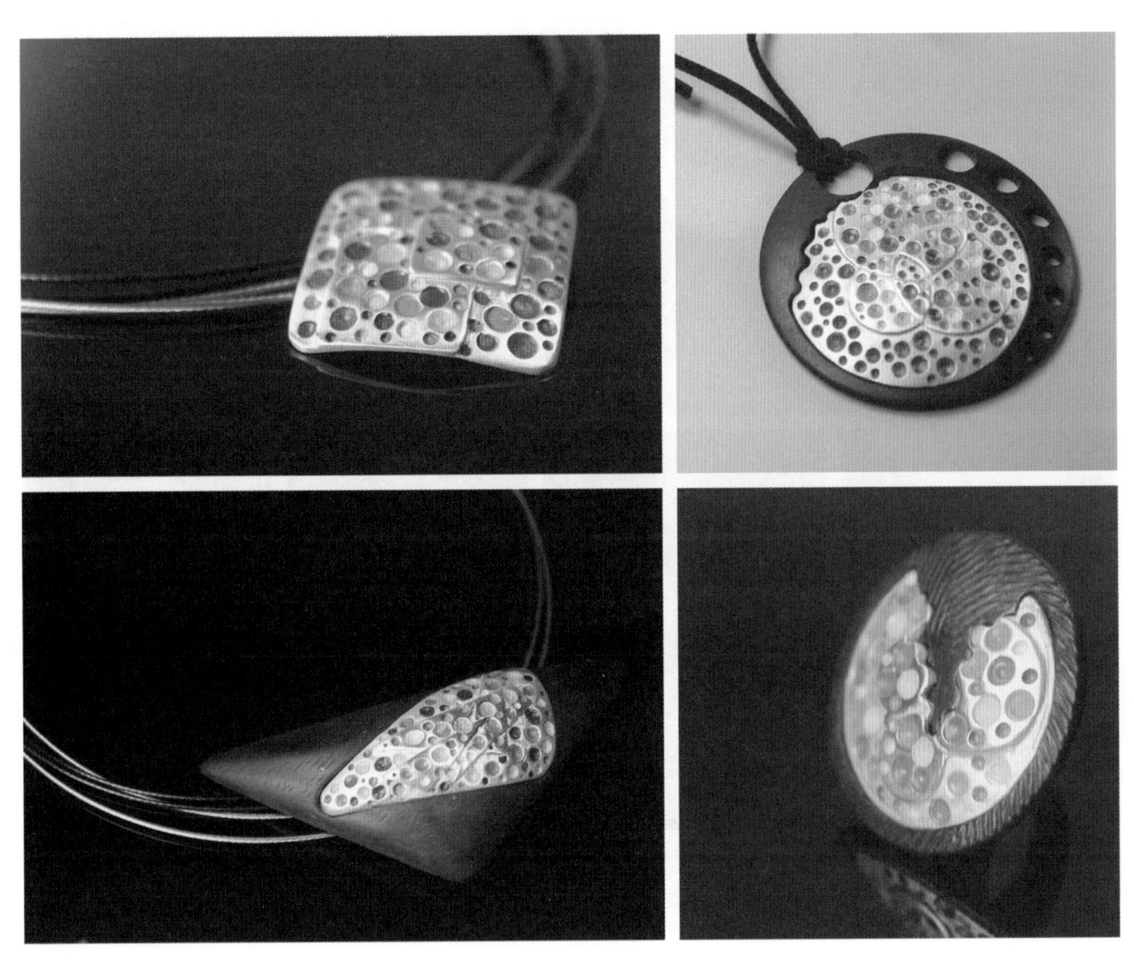

图9-10 《敦煌魂》，杨银杰作品，指导教师：段丙文

案例七《聚·散》

作品《聚·散》（图9-11）立足于唐文化，通过剖析何家村窖藏出土金银器的纹样和制作工艺，研究金银器中的点元素的整体特性及风格特征，归纳点元素的类型、装饰特征与形式语言，分析其传递出的唐代审美取向和文化内涵。将其作为灵感进行活化设计时敢于打破传统思维的局限，在突显出点元素长盛不衰的艺术装饰魅力的同时赋予其时代精神。将传统与时尚、工艺与艺术自然而然地融合到一起，传统贵金属材料银与“反传统”的综合材料、传统工艺与传统纹样“形”的结合，传递一种传统文化特有的美感，意在体现唐代美学与当代首饰流行趋势的结合，呈现点元素在当代首饰中的张力与美感。点、线纵横交织，繁而不乱，以重复、聚散、肌理等构成法则组织首饰的形态与内在元素的组合关系，从而呈现出不同的艺术效果，布局中的聚散关系使整体展现出一种动中有静、统一中有变化的韵律美感，形成有节奏感、韵律感的形式美，以聚散有度的构成营造引人遐想的意境。

图9-11 《聚·散》，李欣作品，指导教师：段丙文

第四节 唐代首饰、金银器工艺活化设计案例

案例一《丝韵》

作品《丝韵》（图9-12）系列首饰灵感来源于竹笼、丝带、花瓣等，工艺传统，但形态现代。以银线为主要设计元素，采用掐、焊、堆叠等传统金银细金技法创作而成，工艺精细繁杂，而外轮廓形态却十分简洁，富有极强的现代感。将传统手工艺与现代简约的时尚设计完美结合，一方面能够使花丝这一国家非物质文化遗产项目活化，使其不仅仅只是博物馆陈列的藏品；另一方面，以传统手工艺制作而成的设计作品，本身就具有传统民族文化的气息。《丝韵》系列作品对此做出了尝试与突破，活化式地继承传统文化才是真正意义上的传承，才能使传统文化、传统手工艺发扬光大。

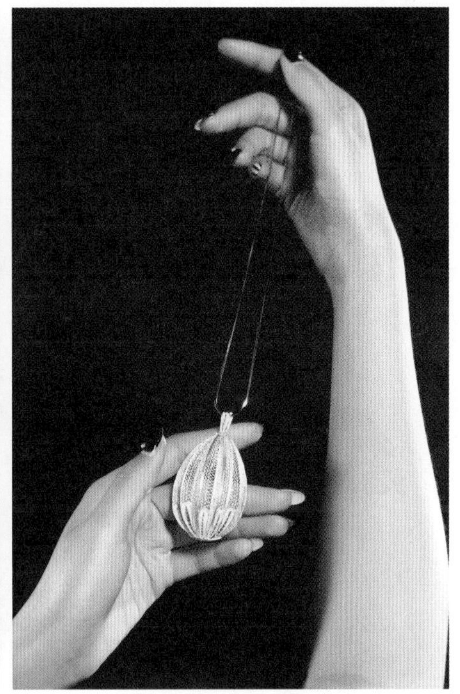

图9-12 《丝韵》，薛颖作品，指导教师：段丙文

案例二 《生》

作品《生》（图9-13）主要以唐代玉带銙的铆钉工艺为灵感来源，用铆钉将玉材质和金属材质相结合，使两者既可旋转又起到固定作用。将打破的蛋壳形态运用到首饰中来表达突破枷锁与障碍迎接新生活的含义。唐代首饰、金银器工艺及宝玉石雕刻工艺是当代设计师们宝贵的文化财富，当代首饰设计师在继承唐代优秀传统文化，学习唐代博采众长、开放创新精神的同时，应创作出属于我们这个时代的艺术作品，为中华文化注入新鲜血液，促进玉石雕刻与金镶玉工艺的发展，2008年北京奥运会奖牌采用的制作工艺就是对传统金镶玉工艺传承与创新的典型案例。

图9-13 《生》，李晓月作品，指导教师：段丙文

案例三《峙》

作品《峙》(图9-14)创作灵感来源于唐代金银器鎏金凤鸟纹首饰盒的纹样。在时间的长河中，会遇到山之高，海之深，路之遥遥，其中蜿蜒流畅的线条象征着岁月的长河，将一缕悠扬交给时间对“峙”。其制作过程为：首先采用蜡雕出镂空形态，然后用999纯银铸成银胎，再使用云母片烧制镂空珐琅（也称为窗式珐琅工艺），作品符合当下简约的时尚流行特点。

图9-14 《峙》，王惠贞作品，指导教师：段丙文

案例四《蝴蝶树》

作品《蝴蝶树》(图9-15)通过对传统文化的解构与重构，通过提取传统文化中的元素使其成为现代首饰设计的一个重要部分，在当代活化设计中传递出传统的精神面貌。“艺”与“工”在《蝴蝶树》作品将深刻的哲学思考融入当代首饰设计之中，以此满足当代审美精神的需求。

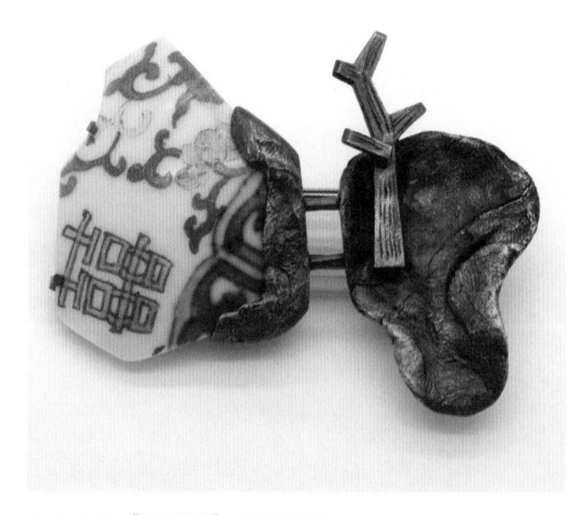

图9-15 《蝴蝶树》，胡俊作品

案例五《维系》

作品《维系》（图9-16）的创作借用法门寺鎏金镂空鸿雁球路纹提梁银笼的整体镂空方法，首先将蜡雕刻成手镯状后，从中间用线锯锯开，便于将手镯内部镂空，将绿蜡厚度打磨至0.8厘米后将两半蜡块焊接起来，然后镂空成形，打磨、抛光处理完成之后进行浇铸成型。双层镂空、虚实结合、层次感强，使作品更加丰富，给人独特的视觉效果。

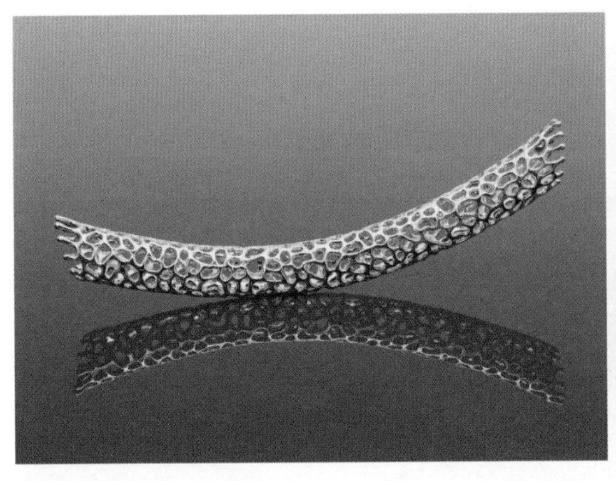

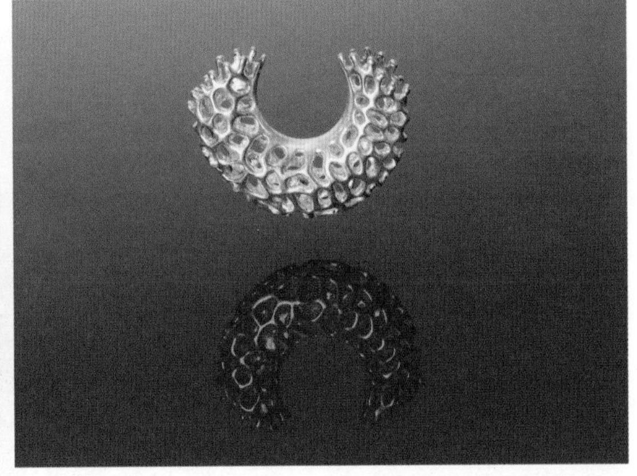

图9-16 《维系》，范申林作品，指导教师：段丙文

第五节 唐代首饰、金银器文化内涵活化设计案例

案例一《静谧》

系列作品《静谧》（图9-17）通过提取《南诏国王阁罗凤出巡图》（石窟造像）中国王所带王冠的造型，将其解构之后重构，结合唐代佩戴梳篦的形式语言，采用重复、渐变的构成设计手法，与时尚的设计理念结合创作出具有当代特色的发饰与发梳，再饰以极具云南特色的孔雀羽毛，使异域元素与当代造型有机地结合。对唐代插戴梳篦的发饰重新表达与诠释，以银胎珐琅工艺制作为

图9-17 《静谧》，魏思凡作品，指导教师：段丙文

主，在银胎表面填以烧制饱和度较低的黑色，黑白两色视觉对比冲击力强，在创作中探寻传统与当代之间的平衡点，从而设计制作既蕴含传统文化元素而又符合当代审美特征的首饰。

案例二《时·石》

作品《时·石》(图9-18)的创作初衷意在阐释四时之中草木的变化与亘古不变的石头之间的关系。作品将唐代的多种植物纹样进行抽象，再以钛金属电解的工艺将其变化成多种颜色，暗喻四时之中的草木，其间配以银质太湖石，借此思考传统与当代之间变与不变的关系。

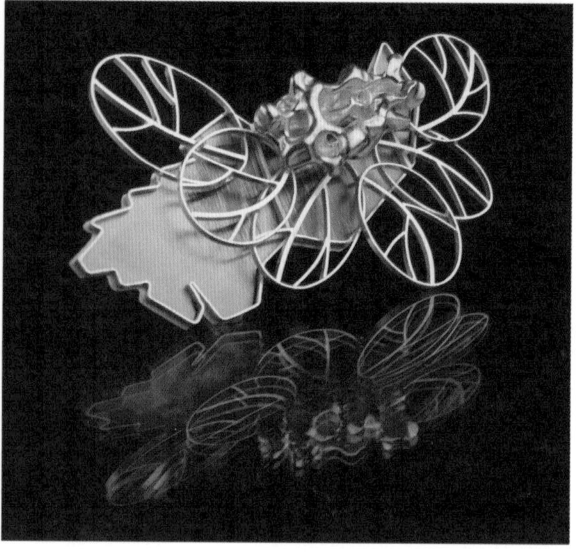

图9-18 《时·石》，庄冬冬作品

案例三 《新丝路》

作品《新丝路》（图9-19）以一带一路路线图为灵感来源进行意象设计。将陆地与海上丝绸之路概括为2条线，用不同色彩的亚克力象征不同的国家和地区，节节相连，形成一个完整的路线图。作品暗喻唐代开放包容、博大精深的胸怀，这同样可以作为改革开放40余年文化上兼容并蓄的象征。

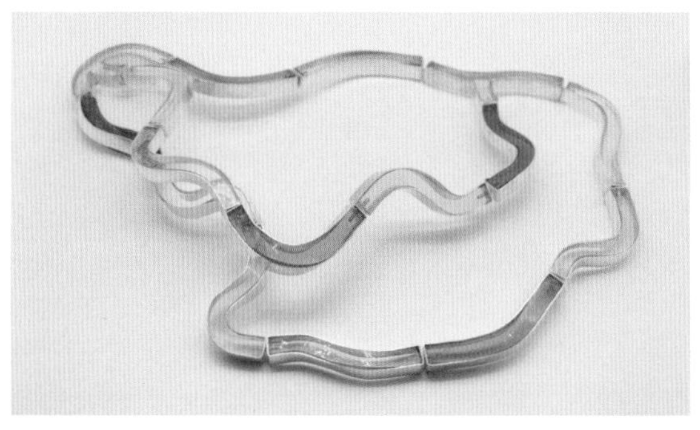
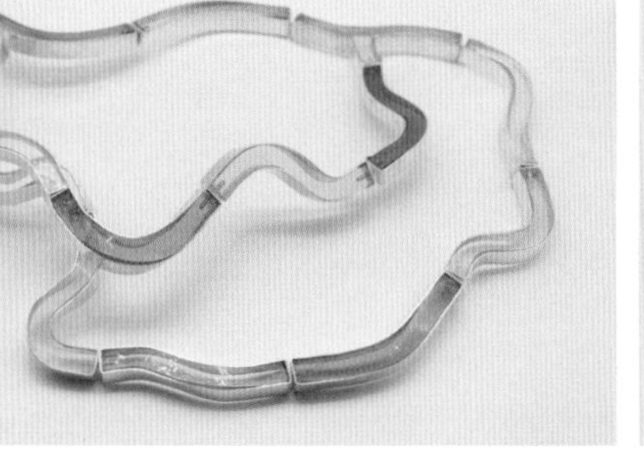
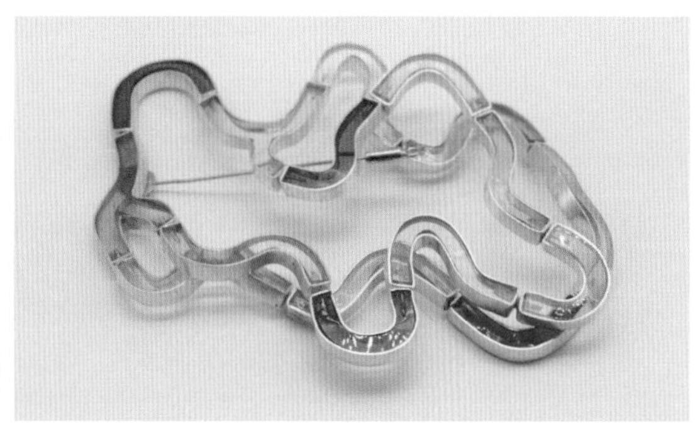

图9-19 《新丝路》，侯媛笛作品，指导教师：段丙文

案例四 《民族脊梁》

作品《民族脊梁》（图9-20）以秦岭山水为灵感来源，秦岭是中华民族的文化象征，是民族的脊梁。在构图形式及设色上借用隋唐山水画的形式语言及色彩，打散、重构新的造型形态，色彩浓郁绚丽，层层堆叠。创作出既有传统民族文化元素，又符合时尚流行趋势的当代首饰。

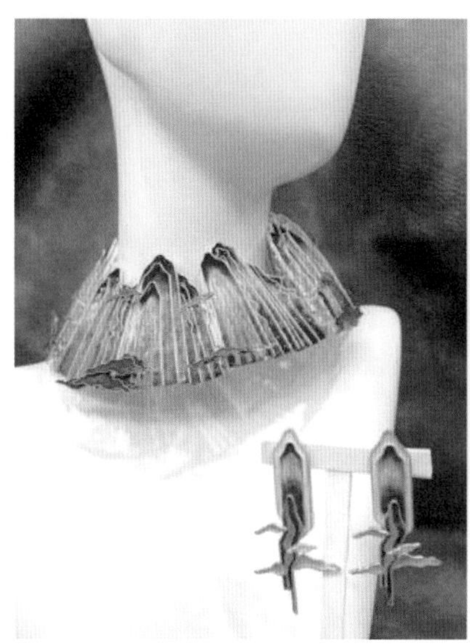
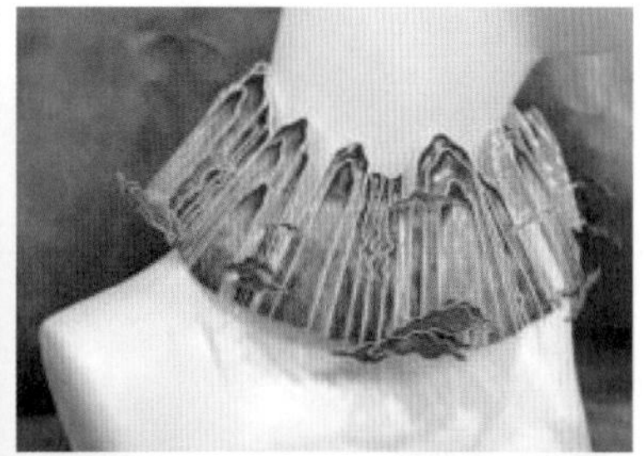
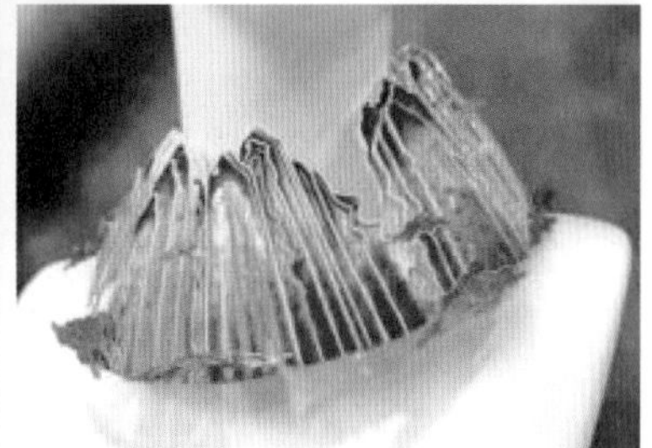

图9-20 《民族脊梁》，伍柏燃作品，指导教师：段丙文